互联网+
万众创新
互联网引领者的思考

李枢苇◎著

当代世界出版社
THE CONTEMPORARY WORLD PRESS

图书在版编目（CIP）数据

互联网＋万众创新 / 李枢苇著 . -- 北京 ： 当代世界
出版社， 2016.7
　ISBN 978-7-5090-1111-9

　Ⅰ．①互… Ⅱ．①李… Ⅲ．①互联网络－发展－研究
Ⅳ．① TP393.4
　中国版本图书馆 CIP 数据核字（2016）第 146378 号

书　　　名：互联网＋万众创新
出版发行：当代世界出版社
地　　　址：北京市复兴路 4 号（100860）
网　　　址：http://www.worldpress.org.cn
编务电话：（010）83907332
发行电话：（010）83908409
　　　　　　（010）83908455
　　　　　　（010）83908377
　　　　　　（010）83908423（邮购）
　　　　　　（010）83908410（传真）
经　　　销：全国新华书店
印　　　刷：北京凯达印务有限公司
开　　　本：710 毫米 ×1000 毫米　　1/16
印　　　张：18
字　　　数：245 千字
版　　　次：2016 年 9 月第 1 版
印　　　次：2016 年 9 月第 1 次
书　　　号：978-7-5090-1111-9
定　　　价：42.00 元

前　言
Preface

下一个五年，创新决定成败

2016 年 3 月 19 日，阿里巴巴集团董事局主席马云，Facebook 创始人、CEO 扎克伯格，两位互联网行业的大腕儿对话中国的下一个五年，共同出席了北京钓鱼台国宾馆举办的主题为"新五年规划时期的中国"的发展高层论坛。

随着两会的成功闭幕，2016-2020 年的"十三五"规划迅速成为各大行业关注的热点。与"十二五"不同的是，"十三五"规划更注重质的飞跃，并提出了创新、协调、绿色、开放、共享的五大发展理念，而且"创新"一词排在五大理念之首，这对于一直以创新拉动行业发展的互联网公司来说，无疑是一个非常令人兴奋的信号。

在经过了快速的、粗放式的发展之后，中国的发展重心将转移到提高发展质量和效益上来，要实现这一发展目标，唯有创新一条路可走。尤其是对于历来视创新为生命的互联网行业来说，下一个五年，创新直接决定成败。

互联网刚刚兴起时，有不少公司靠着简单的模仿就能生存下来，但在未来五年，这种现象将不复存在。如今，互联网行业已经形成了一个相对成熟的市场，存在一大批诸如阿里巴巴、百度、腾讯等实力强大的互联网巨头，在这样一个强敌环伺的竞争环境中，只有依托创新才能脱颖而出，这也是互联网公司发展的唯一出路。

在扎克伯格看来，创新就是致力于解决长期的问题。在 3 月 19 日的中国发展高层论坛上，他发表了自己对互联网未来创新领域以及方向的一些看法，他认为未来十年互联网创新最需要解决的三个问题分别是：互联网联通、人工智能、VR（虚拟现实）。

人工智能是当前互联网行业的一个热点，尤其是 2016 年 3 月 9 日开始的 Google 人机大战，AlphaGo 连胜三局，成功打败了韩国围棋选手李世石，向全世界宣告了人工智能时代的来临，引起了互联网人士的热烈讨论。

在扎克伯格看来，目前人工智能的能量还比较有限，不管是图片识别还是语言翻译，所采用的都是相同的技术，还有非常大的创新潜力和发展空间，他认为"未来 5 到 10 年人工智能将取得巨大进步"。Google 也正是因为看到了人工智能的发展潜力，所以不惜在 2014 年花费将近 4 亿美元收购了人工智能公司 DeepMind，提早开始创新布局。

与扎克伯格工程师的专业眼光相比，没有任何互联网技术背景的马云对未来互联网创新则有着不同的看法，他更关心如何通过创新让生活变得更方便、快捷。"大的创新可能要等 200 年才能完成，我们现在也在看第三次技术革命的到来。接下来的三四十年，我觉得技术在人体科学方面会有更大的突破。"

互联网创新并不是一个孤立的创新，未来五年，互联网行业会不断向多领域渗透发展，创新不仅仅局限在技术层面，而是会更多地表现在改变人们的生活方式上，比如无人驾驶取代人工驾驶，人工智能代替门诊医生，穿戴智能设备看电视、玩游戏就可以身临其境……

对于广大互联网人士来说，创新还有非常长的一段路要走，随着互联网的快速发展，创新对于互联网公司来说会变得越来越重要，创新的技术门槛也会越来越高。

不管是在下一个五年，还是未来的几十年中，互联网行业的发展都会遵循一条简单粗暴的生存原则——创新决定成败。所以，当前广大互联网公司的当务之急，是抓紧时间布局创新领域，尽早占领创新的主战地，只有这样才能从容应对即将到来的第三次技术革命，才能在越发激烈的竞争中站稳脚跟，保有自己的一席之地。

目　录
catalogue

第三章

布莱恩·切斯基：创新就是要敢于冒险

第四章

雷德·霍夫曼：知识相互匹配催生创新力

第五章

任正非：思想上的创造才有价值

第六章

雷军：创新就是做别人没做成的事

第七章

周鸿祎：创新就是要颠覆市场游戏规则

第八章

李彦宏：要比别人看得更深刻

第九章

李开复：创新重要，有价值的创新更重要

第十章

马化腾：模仿也是一种创新

第十一章

马云：独特的视角和预见性

第十二章

杨致远：不跟随被踩烂了的成功之路

第一章

乔布斯：以独特的理念征服世人

▲ 创新要有新想法、新手段

据国外媒体报道，14 年前苹果公司曾经一度濒临破产，而 14 年后的今天，苹果却一跃成为全球最受钦佩的科技公司。究竟是什么样的力量让苹果起死回生，并逐渐走上行业巅峰呢？波士顿咨询公司（BCG）发布的"2015 全球最具创新力企业 50 强"（2015 Most Innovative Companies）名单或许能够给我们提供一些参考。

"2015 全球最具创新力企业 50 强"是基于对 1500 位全球企业高管进行调查得出的结果，每一位高管都被要求对自己所在行业的企业进行排名，及进行所有企业的跨行业排名。此外，评选还将过去五年间的股东权益报酬率纳入了计算。名单的前三强是苹果、谷歌和特斯拉。

其实，早在 2007 年，苹果就被《商业周刊》评为"全球最具创新能力的公司"，超越了谷歌、微软、诺基亚等巨头，并连续 3 年赢得此称号。显而易见，创新一直是苹果公司发展到今天最强有力的支撑。

作为苹果的联合创办人，史蒂夫·乔布斯在创新领域颇负盛名，正如美国总统奥巴马所说，"乔布斯是美国最伟大的创新领袖之一，他的卓越天赋也让他成为了一个能够改变世界的人。"

创新就是要有新想法、新手段，不过在科技领域，有新想法、新手段的人并不在少数，乔布斯之所以是乔布斯，是因为他对自己的新想法有一种近乎于偏执狂的坚持。一款经典产品，100 倍股价涨幅，1000 万

台 iPad，1 亿部 iPhone，2.7 亿台 iPod，乔布斯亲手打造了苹果帝国，创造了 IT 历史上最辉煌的商业奇迹。在鲜花和掌声的背后，往往有着无数的艰辛和汗水，乔布斯也不例外，他同样经历过失败和挫折，但难能可贵的是他从未放弃过改变和创新的梦想，哪怕是两次手术、8 年抗病都没能阻挡他不断实现新想法的道路。

在乔布斯看来，创新并不是一件多么高深的事情，也不必像广告语一样宣扬得言过其实，苹果的创新理念很朴素、很简单，即"将每种科技发挥到极致，既能让人们吃惊、兴奋，又知道如何使用它"。

工程设计师出身的乔布斯非常精通产品研发，这使得他对产品的性能和使用体验有着非常严苛的标准与要求。

从第一代 iMac、iPod，到钛合金外壳的 PowerBook 和冰块状的 Cube，乔纳森·艾韦作为苹果的 ID 实验室负责人，绝对算得上一个行家，但乔布斯对其主持设计的第二代 iMac 模型依然提出了新想法。

"没有什么不好，其实也挺好"，乔布斯非常厌恶这种感觉，他想要的是惊艳，而第二代 iMac 模型给人的感觉却是平庸，用乔布斯自己的话说，"它看起来很像缩水后的第一代"。在手机、电脑等硬件领域，很多系列产品都是在第一款产品的基础上稍做改进，增加一些功能，美化一些外观等，不过乔布斯在第二代 iMac 上并没有丝毫懈怠，而是一如既往地坚持着自己的完美主义。

为了让第二代 iMac 更加完美，乔布斯专门叫来了乔纳森·艾韦，两个人一边在植物园里走来走去，一边商谈第二代 iMac 的改进问题。

"每件东西都必须有它存在的理由。你可能需要从它后面看，为什么必须要一个纯平显示器？为什么必须在显示器里放一个主机？"或许外观在其他管理者眼中只是一个无关紧要的问题，但乔布斯却对这一点异常执着，置身花园中的他突然灵光一闪，一个奇怪而独特的新想法出现了——"它应该像一朵向日葵"。

很多人都有天马行空的想象力，但并不是每个人都能像乔布斯这样把新想法坚决地贯彻实施。"向日葵"的新产品概念，经过了无数工程师们长达两年的时间才最终得以实现，由此不难看出，乔布斯对新想法的坚持与执着。或许正是他对新想法或者说创新的超强执着，才锻造出了广受世人欢迎的苹果产品。

乔布斯敢于坚持自己的新想法，有着自己的创新理想和明确方向，这正是他用于引领苹果不断超前发展的灵魂和精髓。

早期的智能手机都有一个看起来密密麻麻的复杂键盘，手机越智能，操作起来就越复杂、难用。面对这个问题，乔布斯灵光一闪，智能手机为什么不能是一个大屏幕＋一个简易操作装置呢？

当绝大部分人把智能手机定位于功能更多样化的通话装置时，乔布斯则认为，智能手机应该是一个小型的移动电脑，这种独特的视角和奇特的想法，促使他用设计电脑的思维来思考智能手机。对于电脑来说，最简易的操作装置是鼠标，但手机用户带着鼠标到处走并不方便，于是这个操作装置就演变成了触控笔，可是触控笔在实际使用中很容易丢失，那么为什么不能直接用手指操作呢？

智能手机从键盘式操作到触屏式操作，树立起一个具有划时代意义的创新里程碑，而这个想法的提出者和最初实践者正是苹果，可以毫不夸张地说，乔布斯用他的新想法引领了全球整个智能手机行业的风潮与变革。

【创新启示】

　　作为一个企业，若是没有创新能力，只是日复一日地进行重复，其实是很可怕的，而前进的方向便是，那些突然闪耀在我们脑海中的奇思妙想。我们要像乔布斯那样，敢于用属于自己的新想法来与市场相较量，并坚持不懈，只有这样，企业才会在日渐激烈的市场竞争中找到属于自己的一席之地。

▲ 简约才能铸造永恒

在苹果新款推出的发布会上，史蒂夫·乔布斯的形象一直是黑色套头衫、深色牛仔裤和运动鞋，这似乎已经成为他简单而又永恒的标准穿着，特别值得一提的是产品的幻灯片上从来没有一个字，简化掉一切不需要的东西需要非常大的勇气。正如史蒂夫·乔布斯所说："大家认为专注的意思就是统一将精力都放在必须专注的事务上，但这并不全面。它还意味着要拒绝数以百计的其他好创意。你必须精挑细选。"

在乔布斯看来，一味追求创新而忽视了简约原则就很可能要栽跟头，因为面对一些新产品和新功能时，很多消费者往往会感到无所适从，如果不能把它们精简到老人和孩子都会用、都方便用、都喜欢用、那么结局通常不会太乐观。

在公司壮大之后，很多高层管理者想的都是如何推出更多的产品，如何覆盖更多的领域，而史蒂夫·乔布斯却反其道而行之，他认为在产品设计、商业战略和产品展示方面，简约到极致的理念往往能够创造出巨大的价值，即简约才能铸造永恒。

正如乔布斯所说，"人这辈子没法做太多事情，所以每一件都要做到精彩绝伦"。推出更多产品，扩展到更多领域，不仅会削弱核心产品的竞争能力，还会占据企业过多的资源。所以乔布斯从不主张苹果公司做太多事，做太复杂的事，在他看来，简约即为美，把简约的东西做到

极致就是一种成功。

所以,1998 年史蒂夫·乔布斯做出了一个非常惊人的决定,将苹果公司产品的种类大幅度地从 350 种精简到只剩下 10 种,直至再也没有他认为的多余的产品。公司一旦做大,一些管理者就会逐渐趋于保守,公司的内部管理改革也会越发谨小慎微,乔布斯之所以能够做出如此重大的经营调整,与他追求简约的执着不无关系。

在苹果公司,每天都有大量的新点子和产品的革新理念需要乔布斯来做决定,他每天的具体工作就是否定复杂的设计,并将复杂的设计不断简单化。

互联网发展初期,计算机不仅十分昂贵,而且操作系统很复杂,不够简约的系统总是很难赢得更多人的喜欢,乔布斯对这一点认识十分深刻。当时,乔布斯就意识到大部分的用户其实只想要一台简单的计算机,于是他与搭档沃兹在当时推出的苹果 II 中,设计了开机自动加载操作系统,开机就能正常使用,而其他公司的电脑则只能在每次开机后再加载操作系统,然后才能使用。

这个设计省去了用户的麻烦,让电脑的使用变得更加简单,因此获得了巨大的商业成功,并一度成为当时电脑程序员最喜欢的产品。史蒂夫·乔布斯是一个能够洞悉人们内心需求的设计师和魔法师,他用追求简约的理念很好地满足了广大用户的真正需求。

苹果的设计风格一直是以简约为美,设计团队和工程师们一直都在寻找最高度简化的设计方案,苹果电脑的主要部件一直在减少,变得超薄、易携带,而且在部件减少之后,电脑却变得更加结实耐用。在手机方面,乔布斯用大屏幕替代智能手机的按键,取消不合适的、多余的操作系统，让手机的使用更贴合人性。

其实在任何一款苹果产品成功上市的背后，都隐藏着乔布斯无数次的精简工作。他已经提前替消费者们砍掉了无数多余的、没用的设计，只有当他认为产品已经达到了最简约的时候，才会正式进行新品发布。

此外，在产品的开发过程上，苹果也始终坚持着简约的原则，当其他手机厂商都在花费大量时间、精力以及金钱做市场调研时，乔布斯却找到了一个非常简约的捷径，"我们没有走出去进行市场调查，我们为自己生产。我们就是判定产品是好是坏的一群人"。

但简约不等于简单，苹果没有走出去做市场调查，并不意味着他们没有做市场调研，乔布斯没有问消费者想要什么，但他带领自己的团队一直致力于创造那些消费者需要但又无法形容和表达的需求，从这个角度来说，苹果"简约即美"的价值追求背后隐藏的是更多的付出和劳动。

如今，苹果的多款手机产品早已经被消费者认为是同时代产品的经典，是其他手机无法超越的，不管是无与伦比的手感，还是简约时尚的设计都那么与众不同。苹果之所以成为人们心目中的经典，正是因为乔布斯精益求精、追求简约的产品理念，简单而恒久。

【创新启示】

市场上从不缺少功能复杂的产品。纵观那些大浪淘沙生存下来的产品，无一不具有简约的品质。复杂并不能得到消费者的青睐，简约才是人们内心永恒的追求。不管是设计产品还是管理公司，要想获得极致的成功，就必须要学会精简、舍弃。

▲ 创新也要借鉴别人

苹果第一代 iPod 投入市场后只用了短短一年的时间，便创下了一亿美元的销售记录。到 2004 年，其四年销售额突破 80 亿，占苹果公司四分之一的销售额。而与其相对应的股票市场也是蹭蹭上涨，截至 2013 年已经上涨了 20 多倍。即便是今天，苹果 iPod 依然是一款年轻人非常喜欢的热销电子产品。乔布斯究竟凭借什么让小小的 iPod 创造出了如此巨大的商业奇迹呢？

创新一直是苹果产品的一个显著标签，iPod 的巨大成功就在于如此。但令人奇怪的是，这家行业领头羊竟然没有专门的创新系统。不管是微软还是戴尔，抑或是华为，实力不弱的互联网公司几乎个个都有自己专门的创新系统。没有专门的创新系统，乔布斯是如何实现创新的呢？

2004 年，乔布斯在接受《商业周刊》杂志采访时曾这样说道："创新来自于那些有了新创意，或者找到问题解决之道，无论多晚都要给合作伙伴打电话的人；来自于那些对自己的想法充满自信，敢于在会议上据理力争，并且不断吸收他人想法的人。"

乔布斯崇尚创新，但他并不是一个固执的唯"新"坚持者，只要能让产品变得更完美，只要能让广大消费者获得更好的使用体验，借鉴他人的经验又有何不可？在他人的基础上添加苹果自己的思维和创造性，并使其融为一个完美的整体，创造出更完美的作品，乔布斯并不排斥这样做，相反他敏锐的商业嗅觉、扎实的行业背景让他在借鉴式创新的道路上如鱼得水。

苹果 iPod 其实是一款非常典型的借鉴式的创新产品，乔布斯用自己独到的创新眼光找到了其市场的价值所在。

唱片市场原本是一个高收益的行业，一个 CD 往往能卖十几美元，制作成本又极其廉价，一般才十几美分，但互联网打破了这种传统格局，网络盗版的泛滥让唱片公司的销量出现了巨幅下滑，于是众多唱片公司联合起来，把网上音乐盗版下载的 Napster 公司告上了法庭，最终唱片公司赢得了胜利，Napster 支付了大量赔偿，并删除了网上可供下载的音乐和视频。

表面上网上下载的事情已经结束了，但是令广大唱片公司没有想到的是，这种网上下载的方式已经在网民心中根深蒂固，人们已习惯了这样下载的方式。另外，市场上一些小的播放器也在悄然流行着，这些播放器品质良莠不齐，存在明显缺陷，因此市场并不好。

这时史蒂夫·乔布斯非常精准地看到了音乐播放器的广大市场，他立即决定任命 iMac 设计师乔纳森·伊夫，直击苹果的盲点，借鉴原有音乐播放器重点开发音乐和录像功能超强的 iPod。

借鉴式创新不等于拿来主义，如果只是简单的"拿来"，那么苹果 iPod 根本不可能成为非常受欢迎的经典产品。在原有的音乐播放器基础上，乔布斯带领团队做出了很多创新调整：

首先，设置了可以用手指直接接触搜索的查找器，网友们可以在搜索栏中尽情地去查找自己喜欢的音乐和录像，且搜索速度极快，只需几秒钟的时间，想要的内容很快便呈现在用户的面前。

其次，研发了一款叫作iTunes的软件，这款软件可以轻松地把播放器与电脑连接在一起，用户可以将电脑上自己喜欢的录像和音乐以及图片传到自己的iPod上，随时随地都能欣赏。

最后，为了提升用户使用体验，设计了轻巧便携、美观时尚的外形，还有超长10小时的待机功能。

乔布斯对待产品从来都是一个非常苛刻的完美主义者，尽管苹果iPod是一款借鉴式创新的产品，但他已经将创新充斥在其再造的各个环节之中。iPod一经面世，迅速受到年轻人的追捧，连微软总部的员工都有超过80%的人用iPod，对此，即使盖茨也不得不承认，"iPod是个了不起的成功"。

创新也可以像苹果iPod一样借鉴他人，但一定要具备一定的认知能力，知道什么是有价值的，什么是没有价值的，哪些是值得借鉴学习的，哪些是没有借鉴意义的。企业管理者在看到一个新产品之后，要及时对其判断，看看它是否对自己的产品有所帮助，然后进行快速思考，找到有用信息后，再去寻找与自身产品的结合点。只要能够在借鉴的基础上做到再新一点、再进一步，那么自然能够像苹果iPod一样，获得商业上的巨大成功。

【创新启示】

故步自封并不能赢得市场，创新有时也需要借鉴他人。我们不妨将视角从自己的身上移开，移向周围的同行，在原有的基础上创造新产品也许会是另一番市场，iPod便是一个很值得学习的成功案例。

▲ 创意可以创造奇迹

1985 年，由于戴尔和其他电脑品牌的相继问世，互联网进入了高速发展的时期，而此时的电脑始祖苹果却陷入了低谷。由于公司内部的一些问题，导致史蒂夫·乔布斯离开苹果公司。阿默利欧开始接管起苹果公司来，虽然业绩稍稍有了些回升，可还是亏损严重。

到了 1997 年，苹果公司连续第五年销售业绩持续下滑，迫于压力，阿默利欧主动辞职，此时的苹果公司一片狼藉。在董事会商讨之后，决定重新聘请苹果的创始人史蒂夫·乔布斯担任公司的 CEO，希望他可以在关键时刻力挽狂澜，将公司从低谷中解救出来。

令人欣慰的是，史蒂夫·乔布斯果然没有辜负大家的期望。回到苹果之后，他把原来正在进行的 14 个项目精简到只剩 4 个，并按照自己的创意，着手打造出一款时尚、高端的家用电脑 iMac。

谁说电脑就要有电脑的样子？乔布斯在设计 iMac 的过程中，巧妙地将"what is not a computer（不是电脑的电脑）"概念融入其中，这种独特的创意，造就了苹果 iMac 与众不同的外形。

乔布斯只用了短短一年时间，iMac 产品便成功问世。这款电脑拥有深蓝色的外观、果冻般圆润的机身，整体看起来非常像一颗美味诱人的大型软糖，用惯了大块头电脑的消费者一下子被吸引了过来。人们除了欣赏它时尚的外观，对它的使用功能也表现出了很大的热情。在

iMac 还未上市之前，苹果公司就接到了 15 万的订单，这简直是一个不可思议的奇迹，而这个奇迹的缔造者则是乔布斯和其团队无与伦比的创意。

作为乔布斯的左膀右臂，苹果 iMac 的核心设计师，Jony Ive 也是一个非常有创意的人，他十分擅长通过跨界的方式寻找各种各样的设计灵感。

iMac 的设计灵感就来源于 Jony Ive 与糖果公司的接触。全球首个超轻钛合金笔记本苹果 PowerBook，其创意点则来自于 Jony Ive 在日本时从金属工人那里了解到的让厚金属变薄的方法。

一个没有创意的产品是没有灵魂的，创新是高科技公司的发展命脉，微软、IBM 等无一不是凭借创新而走红，不过苹果的创新理念却与其有着巨大的差异。在相当长的一段时间内，微软的成功让人们陷入了一种创新误区，即创新就是不断推出新技术，不断增加创新的资金投入，但在乔布斯看来，微软和整个硅谷只重视技术创新的做法并不可取。

"技术再新再好，如果没有符合消费者需求的产品，没有配套的商业模式，或者很多技术太超前或者配套不合适，那么也是会失败的。"与热衷于技术创新的比尔·盖茨不同，乔布斯更愿意用简约而实用的创意去改变世界。

iMac 的问世让苹果公司开始走出低谷，紧接着乔布斯又开始着手苹果 iPod 的设计，只用一个大拇指就能操作的"选曲盘"，充足的内存，配合 Mac 操作系统 iTunes 管理的独特接口设计，当这款身形时尚小巧、功能齐全、充满创意的 iPod 一上市，千万的订单便纷至沓来，由于 iPod 本身价格不菲，所以没用多久时间，苹果公司便开始从原来的直走下坡路，一跃变成互联网的头号枭雄。

谁都没有想到，这些小小的创意竟然会爆发出如此令人惊叹的商业奇迹，不仅让整个苹果公司起死回生，甚至连比尔·盖茨都肯定了iPod这款产品给整个互联网市场所带来的巨大影响。它犹如一阵飓风，横扫了整个互联网。

星星之火可以燎原，一个好的创意只要能过将其孵化成一个消费者喜欢的产品，那么它所爆发出来的能量将会是无法估量的。

在乔布斯看来，创意能否创造奇迹与资金投入并没有直接关系。"当年苹果推出麦金塔电脑的时候，IBM在研发上花费的资金至少是我们的100倍。所以这与资金投入无关，重要的是你的团队如何，你的决策者如何，以及你自己有多大的能力。"

乔布斯的创意并不是纯技术层面的，而是科技与人文的碰撞，是最贴近人性与广大消费者需求的创意，这也正是其创意能够创造奇迹的最根本原因。任何技术与产品的服务对象都是人，为创新而创新，为技术而创新，都是不可取的，唯有把人放在创新的第一位，才不会在创新的道路上走偏、走错，这也正是乔布斯经过几十年实践总结出来的宝贵经验。

【创新启示】

这是一个创意经济的时代，千万不要忽视创意所带来的巨大作用。创意可以改变一个企业的命运，可以创造一个奇迹，甚至可以打赢一场战争。总之一句话，创意即生产力，是前进的动力，没有创意的企业终将会被激烈的市场竞争所淘汰。

▲ 细节是创新的突破口

拿苹果 Max OS X 产品来说，它本身精致得就像是陈列在博物馆里面的展品一样，设计轻便、外形时尚美观，很好地满足了现在年轻人对时尚的一种追求。苹果公司在苹果 Max OS X 还未上市之前，便通过巧妙的营销方式，对外进行部分宣传，以勾起消费者对产品的期盼心情。无论是从设计、包装、营销上来看，苹果公司都像是在设计一件礼物。终于，在千呼万唤之中，史蒂夫·乔布斯带着新产品进行了一场戏剧性的演讲，犹如在圣诞节发送礼物的圣诞老人。能够把互联网产品做成礼物的公司，唯苹果而已。

人们购物时的心态与圣诞节礼物有诸多相似之处，在购买前不停憧憬，对即将拥有的物品充满期待，苹果公司十分巧妙地将这种心态融合到了产品的设计之中，每款产品都要打造成一款十分精致、令人充满期待的礼物。乔布斯把每个消费者都当成一个在期待礼物的孩子，为了让他们在拆开礼物的一瞬间感觉到惊喜，乔布斯在细节上力争做到完美、毫无瑕疵。

为了保证细节上的完美，苹果公司有一整套的工作机制和管理模式。

一、软件工程设计师们每次设计出新的软件，在给上级经理进行审阅时，从界面到内容设计全部都要精确到像素，这样设计出来的软件，在审阅时不会出现偏差，保证了设计软件的质量，排除了失真的可能性。

二、在样品设计数量上，要遵循从十到三再到一的设计程序。即每个设计师把样品精确到像素进行设计，不是设计一个而是设计十个，然后从中精挑细选出三个，再对这三个进行性能测试，把产品优点进行整合，最终合三为一，做出一个质量最完美的样品。苹果为什么要遵守这样的设计程序呢？一是保证样品质量完美，二是可以提醒设计师不断改进，为细节上的创意留足空间。

三、苹果公司每周都会召开两个内容完全不同的会议：一个叫头脑风暴会议，即召集所有员工，让大家不受拘束地进行想象，提出好的创意与想法；另一个会议则是需要对某个细节进行具体的讨论，竭尽全力的把产品做到细节完美化。每周这两个会议不断地来回轰炸，一边在讲求设计，一边又在关注细节。如果一个即将上市的产品，忽然因为某种元素而暂停，可能就是这两种会议内容冲突的结果。

四、每月定期举行展品展示会。设计师们把设计出的已经完美化的样品给公司的一些高管进行展示。由他们进行用户体验，然后撰写体验报告，指出产品的优缺点和对产品的期待等。通过这些体验报告，再对产品进行反复修改，确保每个细节上的创新都是消费者所需要、所期待的。

正是由于苹果公司这样对产品进行不断优化，才导致产品每次上市都能创造出让人瞠目结舌的销售业绩。

完善的管理体制，保证了苹果产品在细节上的尽善尽美。从苹果电脑 iMac 果冻般圆润的机身，到苹果手机的经典外观，乔布斯的创新算不上宏大，但恰恰是细节方面的创意博得了广大消费者的好感。

乔布斯对细节的关注有一种近似强迫症的执着，他曾让广告代理商

改掉某个广告文案第三段中的一个字，曾三次改变苹果公司所有零售店的灯光布置，只是为了让店里的产品看上去像广告中那样熠熠生辉。

尽管有人批评乔布斯想控制一切细节，认为他是一位咄咄逼人、要求严厉、高度重视细节的管理者和控制狂，但实际上他并非对所有小细节都感兴趣。乔布斯关心的只是与公司、顾客有关的细节及其带给顾客的体验。他不想等到产品出问题后再后悔，因为某一个小环节没有做好，就可能导致整个产品的失败，甚至是整个公司的危机，他有责任不让类似的事情发生。

在乔布斯看来，越是小事越不能轻易放过，一个看似不起眼的小细节往往就可能是一个崭新的创意切入口。正是他的这种重视细节的管理理念，让苹果在细节处理上几乎到了完美的地步，甚至没有另外一家公司可以与其相抗衡，细节上的创新为苹果在互联网行业的霸主地位提供了强有力的支撑。

【创新启示】

一提起苹果，大家都会想到精致、时尚、完美这些词语，有一句话叫"细节决定成败"，这句话在史蒂夫·乔布斯身上展现得淋漓尽致。"我是一个追求细节完美的狂人。"史蒂夫·乔布斯如是说。或许正是由于史蒂夫·乔布斯对细节不断地追求，才使苹果打造出了属于自己的完美品牌效应。不管是设计产品还是技术研发，都要不断精益求精、优化细节，只有这样才能更接近成功。

▲ 用人，找创新人才，用人才创新

为了保持苹果公司的创新活力，乔布斯十分重视创新人才的招聘和培养，他欣赏优秀的员工，对待极其优秀的创新人才更是竭尽全力。他认为一个优秀的创造型员工可以顶得上十个甚至二十个员工，所以对于格外优秀的创造型人才常常"不择手段"，并竭力打造世界上最顶尖的设计团队。

布鲁斯·霍恩是一位优秀的程序员，这天他接到了乔布斯的电话，电话里乔布斯说想约个时间跟他谈一谈。当时布鲁斯已经接受了 C 公司的聘书，接到乔布斯的电话非常意外，他表达了自己已加入 C 公司的意思。但乔布斯并没有就此放弃，而是重新约定了一个见面时间，布鲁斯不好推辞并答应了见面。

布鲁斯原本没有要加入苹果的意思，但乔布斯非常重视双方的见面，他直接召集精英小组，把最近的营销、设计给布鲁斯看，整整两天，布鲁斯和其他优秀的员工一起讨论，想创意。最终他被乔布斯的优秀团队所感染，并选择加入乔布斯的团队。

"我可以保证，在苹果，你所做的工作是独一无二的，不会再有其他任何一份工作可以与这份工作一样有特点。"这是乔布斯经常对员工说的一句话，正是这种独一无二的人才选拔理念，让苹果的精英小组里聚集了很多自命不凡，有着丰富创造力的人，他们跟乔布斯一样，努力

地追求着创新，追求着卓越，为创造独一无二的产品而不断地努力奋斗着，并最终形成了苹果独树一帜的创新灵魂。

公司一般都是通过招聘来吸纳人才，苹果公司也不例外，不过乔布斯的面试方法十分新颖，进入苹果的每一个人都对面试有着深刻的印象，因为没有一个面试官问的问题是相同的。那么乔布斯在人才的选拔、任用上都有哪些新招呢？

乔布斯在面试过程中很喜欢对面试者进行打击，并仔细观察面试者的反应。比如一次，乔布斯对一位硬件条件很优秀的女士做面试，交谈进行了几分钟之后，乔布斯忽然变得很激动，声音变得高亢起来。"其实我告诉你吧，我觉得你完全不适合苹果要求，而且看你之前的工作，我觉得表现得也不是很突出，你没戏了。"说完这些，他便仔细观察女士的脸色，只见她的脸色一会儿白一会儿黄，几十秒之后，女子站起来什么都没说，拿起包转身夺门而出。

其实，乔布斯是想用这种近乎残忍的方式来观察应聘者受到打击后的态度。对应聘者来说，这也许是残忍的，但对于乔布斯来说，他可以很快准确地判断出这个员工是不是自己所需要的。互联网是一个高压的行业，必须要学会处理高压，排解压力，这对于苹果公司的员工来说是非常重要的。

乔布斯并不看重学历，他认为一个人的价值观很重要，且这个人的价值观跟苹果公司的价值观是否一致更为重要。所以乔布斯在面试的过程中，常常会问一些令面试者措手不及的问题。比如，他曾经问过一个人，"你为什么偏要来苹果？"他只是想看一看这位面试者是什么样的反应，看他的价值观是否与苹果相吻合。

进入乔布斯团队的首要条件就是脑筋灵活、思维开拓。他挑选的员工全部是百里挑一的精英，而并非死记硬背的顽固者，这个员工要与整个企业相吻合，这样才能给整个团队如虎添翼，而不是给团队扯后腿。

在苹果公司的用人方面，乔布斯主要从两个方面入手：一是找创新人才，这类人才本身已经具备非常强的创新能力，只要慧眼识人，邀请其加入苹果，就能强化团队的创新能力；二是用人才创新，现成的创新人才并不好找，但人本身有主观能动性，可运用内部学习、引导、培训等多种方法，强化现有员工的创新能力，提升他们的创新意识。这两种用人方法相互补充，用创新人才做骨干，用人才创新的方法做补充，很大程度上解决了苹果公司的队伍建设问题，并很好地保持了整个团队的创新活力。

【创新启示】

一个企业最重要的是人才，具有创造力的人才又是这个企业的宝贵财富。他们聪明睿智，且有着共同的目标，并且一起为这个目标而不断努力着。企业管理者要学着选出符合自己企业价值观的员工，剔除不合适的，这样才能把企业越做越好。

▲ 敢于想象，没什么是不可能的

1997 年 8 月，乔布斯在 Macworld 大会上做演讲，当即将结束时，他用平缓的语气宣布道："我要宣布我们今天的新合作伙伴之一，是一个意义重大的合作伙伴，它就是微软。"这个消息令在场的 5000 多名苹果迷震惊不已。

在各种版权和专利问题上，苹果与微软斗争了 10 年，在相当长的一段时期内，微软一直是苹果最为强劲有力的竞争对手，两者就"微软是否剽窃了苹果图形用户界面的外观和感觉"曾展开过非常激烈的拉锯战，昔日的死对头竟然化干戈为玉帛，并肩成了友好的合作伙伴，这究竟是为什么呢？

作为 IT 行业内当之无愧的艺术家，乔布斯天马行空的想象不仅体现在苹果产品的独特设计上，在公司的管理和未来发展方向上，他同样有着数不清的奇思妙想，拥有无穷无尽的意志力和行动。

乔布斯打破了"如果微软赢，苹果就必须输"的传统思维，通过化敌为友的创新方式给苹果公司注入了新的发展活力。仅当日股票的涨幅就达到了 33%，以 26.31 美元的价格收盘，市值更是直接增加了 8.3 亿美元。

"苹果生存在一个生态系统里，它需要其他伙伴的帮助，在这个行业里，破坏性的关系对谁都没有好处。"只要敢于想象，只要敢于行动，即使是对手也能变成朋友。在乔布斯看来，"唯一能让我们想出改变世界的新点子的途径，就是让思维跳出所有人头脑中固有的束缚。你必须在所有人给你设定好的界限之外思考，这就是苹果创新的秘密"。

1997年的苹果公司百孔千疮，1992年苹果公司的股票每股60美元，而到了1996年底却跌至每股17美元，销售额也由巅峰时的110亿美元降至70亿美元……随着销售额和股价的下滑，苹果的市场份额不断被竞争对手挤压，其市场占有率甚至一度下降到4%，更糟糕的是，这种下滑的趋势似乎还要继续下去。

当时外界并不认为，乔布斯的回归能够力挽狂澜，令苹果公司起死回生，Western Digital公司的CEO曾十分打趣地说道："苹果公司仍然有机会改写历史，但是它需要雇佣上帝来完成这项工作。"

1997年，乔布斯公开宣布与微软合作，随即苹果股价暴涨，市值猛增，从生死线上活了过来；

2001年，46岁的乔布斯启用新锐设计师乔纳森·伊夫为主设计师，打造了苹果的新播放器iPod，将全世界人民带入了音乐的新时代；

2007年，苹果打造了一款外观轻巧时尚、可触屏的智能手机iPhone，此产品一出，一下子便把苹果手机带入了手机的前沿；

2010年苹果公司着力打造的个人平板电脑iPad一出，更是形成了一股潮流新时尚，甚至连老人和孩子都对其爱不释手；

2011年苹果公司生产的第四代智能手机iPhone4s一出，粉丝与爱好者排队购买，一时间成为新前沿的流行时尚。

……

只要敢于想象，没有什么不可能。乔布斯用自己的行动给出了最好

的答案。纵观苹果的发展历史，我们总是能看到无数新锐的想象与创意在涌动，苹果公司以"永不停止创新"的口号不断前进发展，在发展过程中继续创新。很多人把乔布斯的成功称为疯子式的创造，或许正是由于乔布斯异想天开似的想象力，并不断地付出实践与努力，才创造出了一个又一个辉煌的成就。

和微软创始人比尔·盖茨的经历相似，乔布斯曾经也是一个中途退学的孩子。他凭借优异的成绩考入世界上最负盛名的里德学院，但一方面家庭无力支付昂贵的学费，另一方面乔布斯对学校里枯燥的学习也不感兴趣，于是选择了退学，一心一意搞自己的小发明创造。

没有高学历，也没有专业技能，但乔布斯有着无穷的想象力，他凭借自己的敢想敢干，在自家的车库里发明了第一台个人计算机，因为喜欢吃苹果，索性将其称之为苹果。或许当时的乔布斯根本没有想到"苹果"在日后究竟意味着什么。

当时个人电脑的市场前景尚未明朗，即便是像惠普、IBM 这样的大公司都不敢轻易做尝试，但乔布斯初生牛犊不怕虎，他敢于想象，敢于尝试，在没有专业背景、没有专业技术的情况下，仅凭借着一股创造的热情就获得了巨大的成功。

截止 2014 年 11 月乔布斯在产品开发过程中的专利就有 458 项，这样的成就比比尔·盖茨还高。只要敢于想象，没有什么不可能，正如科学巨匠爱因斯坦所说，"想象力远比知识来得重要"。要想创新，就要允许自己异想天开，就要善于保持一颗初心，始终用富有童真的眼光去看待这个世界，打破一切世俗形成的条条框框与思维定势，来一个彻彻底底的头脑风暴，让我们的大脑接受洗礼，只有这样，我们才可能像乔布斯一样拥有超强的发散思维，像诗人一样纯真，像幻想家一样想象，并最终用想象给创新工作指明前进的方向。

【创新启示】

乔布斯曾经跟身边的人这样说过："你一定不要去按照客户所提出的要求来设计，要按照自己的想法走，等你按照客户的要求设计出来了，他们的要求也改变了。"乔布斯正是靠着自己这种敢想敢干的精神，不断地前进，才取得了如此伟大的成就。所以，当你有足够的创新想法时，就一定要努力动手去实践，因为成功就在胜利的彼岸。就像乔布斯的那句至理名言一样："敢于想象，没什么不可能的！"

第二章

扎克伯格：创新就是要有形而无序

▲ 创新必须具备扎实的技术

2012 年 5 月 18 日，Facebook 在纳斯达克上市，估值高达 1040 亿美元，而其创始人扎克伯格却是一个仅仅 28 岁的年轻人。他追求时尚、特立独行，却是一个穿着人字拖、牛仔裤，爱游戏、爱编程、各种耍酷的年轻人。

早在 2010 年，扎克伯格就被美国《时代》周刊杂志评为年度人物，理由是：连接了 5 亿人，改变了人们的生活方式。自 2004 年 2 月 4 日 Facebook 上线以来，虽然尚未进入世界上网民最多的中国，就已经在全球范围内拥有了 5 亿会员，市场估值达到了 700 亿美元，可以预见，它终有一天会成为世界上人口最多的虚拟社区。

我们很难想象，在互联网行业掀起如此狂风巨浪的 Facebook，其创始人竟是如此年轻。扎克伯格究竟是怎样做到的呢？

俗话说"冰冻三尺非一日之寒"，Facebook 的巨大成功并非源自偶然或者运气，而是源于扎克伯格一步一个脚印的扎实的编程基础。没有扎实的技术基础，哪有什么创新可言？就像幼儿成长一样，唯有先学会慢慢走路，才能逐渐掌握跑的诀窍，并最终锻炼出风一般的速度。

扎克伯格的成功是没有悬念的，他从 7 岁开始便热衷于阅读编程类书籍，10 岁起开始自学编程，并表现出了极大的热情与兴趣，当其他同龄的孩子们都沉浸在电脑游戏中时，12 岁的扎克伯格已经可以独立

完成一些软件的设计与开发了。

更加难能可贵的是，扎克伯格不仅拥有十分扎实的编程基础，还能灵活地将编程技术运用到日常生活中，用以解决遇到的问题。

扎克伯格的父亲爱德华是一名牙医，医生需要在安静的环境里对病人进行治疗，但诊所又是个人声嘈杂的地方，为了避免大声说话影响别人的治疗，扎克伯格想出了一个好方法，他将诊所里所有的电脑连接在一起，并开发了一款新的软件，以供诊所里面的人传达消息，这样就避免了大声喧哗，保证了诊所的安静。

此款软件一出，人们都震惊不已，原来利用电脑还可以聊天。其实，对于扎克伯格来说，这并不是什么大的创意，只是他众多编程中最普通不过的一个。在那段时间里，扎克伯格不知道自己写了多少的程序。

扎克伯格升入高中之后，和对计算机同样感兴趣的同学一起开发了一款名为"Synapse"的音乐播放器，这款播放器不同于其他的播放器，它可以通过使用者播放的歌曲主动分析并进行推荐，制作出新的排行列表，以供使用者欣赏。不出所料，这款软件的反响度很好，甚至引起了微软公司和美国在线 AOL 的关注，他们打算以高价来收购扎克伯格开发的这款软件。但是扎克伯格却委婉拒绝了，他开始创立自己的互联网公司。

扎克伯格的成功，很大程度上是因为他扎实的编程技术，并能够在此基础上进行行之有效的创新。从 Facebook 创立到走向上市，只用了八年的时间，看似是一切顺风顺水，但事实上，扎克伯格的成功与他全面而扎实的基础是分不开的。

基础是前提，创新是关键，只有两者相结合，才能稳步地走向成功。

要想获得事业上的巨大成功，就必须要先练好基本功，好高骛远不比脚踏实地更有价值，正如 2008 年图灵奖得主 Barbara Liskov 博士在回答当时的提问"什么是素质研究者必不可少的素质"时所说的，"一个人的基本技能和其对问题的解决能力是十分重要的"。

没有良好的基本功，有再多的想法与创意也不过是亭台楼阁，创意是离不开基本功的，对于成功来说，两者是相辅相成缺一不可的。创新的前提是拥有扎实的基本功，这个真理在任何行业都是行得通的。

【创新启示】

对于企业来说，技术的扎实与否并不是考量成功与否的关键，但却是必不可少的因素之一。当今社会的竞争，归根到底是技术的竞争，企业只有练就过强过硬的基本功，才能在激烈的市场竞争当中立于不败之地。因此，企业在招聘时，一定要重视技术这一隐形因素，让过硬的技术能够贯彻到企业当中去，让创意能够肆意地迸发，并成为一种本能，这样离成功就不远了。

▲ 有趣的创新很重要

Facebook 给人们的第一印象便是有趣，在 Facebook 页面的右下方，有一个小方框，里面常常写着一些有趣且经典的电影台词。由于扎克伯格个人比较喜欢看电影的缘故，所以他常常会选择一些个人喜欢且有趣的台词挂在上面。虽然有时台词与整个 Facebook 显得并不搭，但却给人营造出了一种有趣、活泼的感觉。

在 Facebook 上，有一个名为"poke"的搞笑小按钮，中文意思是"捅你一下"。这是一个暗含暧昧的词语，但是却赢得了人们的喜爱。而人们喜爱它的关键原因也是由于它的暧昧不明，而这种暧昧不明就显得格外的生动有趣。

试想如果你的老师或者同学发表了心情，你去捅一下，表示称赞。又或者是你暗恋的对象，突然 poke 一下你，会让你整个人心乱神迷。而这其中究竟是什么意思，或许也只有 poke 的人才明白。很长一段时间，人们都热衷于 poke 一下，即使是一些死板害羞的人，在 Facebook 上也变得活泼受欢迎。当你被别人 poke 一下的时候，最好的回应方式除了 poke 回去，还有什么别的选择吗？

在创始人扎克伯格看来，并不是任何一项创新都是有价值的，要想让广大用户更乐于接受创新，就必须要想办法让你的创新变得更有趣一些。人们喜欢 Facebook，其实很大程度上并不是它的创新有多么高明，它所采用的技术有多么前卫，而仅仅是因为它的创新非常有趣，由此可见趣味在创新工作中的巨大影响力。

有趣的创新很重要，但一个呆板严肃的人往往是无法实现趣味性创新的，扎克伯格深知这一点，因此他一直力图让自己成为一个富有创新活力，同时又兼具趣味性的年轻人。

Facebook 上市后，作为创始人的扎克伯格早已经是一个彻彻底底的大富豪了，可是他仍旧住在一室一厅的公寓里，木地板上放着一个床垫，家具也极其有趣，只有两张椅子，一张桌子，早餐也十分简单，常常是一杯燕麦片。

T 恤、牛仔裤是扎克伯格最常见的装扮，即使是去参加重大的会议或接受采访，我们也很少能看到扎克伯格西装革履的样子。在穿着打扮以及习惯上，扎克伯格一直都保持着年轻人的个性，并特立独行地走出了一条属于自己的趣味之路。比如穿着 T 恤与牛仔裤接受《新闻周刊》采访；比如穿着 adidas 拖鞋出席某科技论坛，并毫不顾忌地在镜头前露出自己的虎牙以及大脚丫；比如拒绝参加微软高层早晨 8 点钟的会议，仅仅是因为他觉得这个时间实在是太早了。

诸如此类的轶事还有很多，人们常常称其为怪人，一个又有趣又怪的人，所以他设计的 Facebook 也具备了这些特点，对于扎克伯格来说，有时候有趣比赚钱要重要得多。

在扎克伯格看来，保持 Facebook 的趣味性是如此重要，他强烈地坚持 Facebook 用户至上和趣味性的特点，有时甚至会把一些广告商拒之门外。Facebook 的资金若是能保证正常的运营，就必须要保证原有

的趣味性，对于 Facebook 未来的发展，扎克伯格认为不必过早走上过度商业化的道路，因为过度的商业化会大大降低 Facebook 的趣味性，而有趣恰恰是其立身的根本。

2006 年，雪碧曾试图跟 Facebook 合作，当时雪碧刚刚换了包装，很希望 Facebook 可以把原有的蓝色底色换成雪碧的绿色底色，并提出以 100 万美金的推广费用作为酬劳，但是令人没有想到的是，扎克伯格竟然委婉地拒绝了。对于 Facebook 来说，扎克伯格觉得保持纯真的原味性有时候比过度的商业化更有意义，或许正是由于 Facebook 秉持这种态度的原因，才会受到那么多用户的喜爱。

还有一次，一个投资商提出要为 Facebook 进入的渠道添加上一个广告的过滤网。对于广大用户来说，就是在他们进入 Facebook 的主页时，会适时地弹出一个广告主页。不要小看这个广告页，它可以给 Facebook 带来上千万的盈利。而对于用户来说，不过是增加了进入的一道程序。关于这个提议，扎克伯格提出了强烈的异议，尽管当时的他正面临着巨大的商业危急，Facebook 的创新如果失去了趣味性的支持，那么必将导致用户的大规模流失，反倒得不偿失。

扎克伯格努力让 Facebook 保持着原有的趣味性，尽量避免商业化，这给了 Facebook 一个可以茁壮成长的外部环境。很多人可能会发现，扎克伯格每次出现在人们的视野之中，都是十分的有趣，他甚至在演讲中也多次提到趣味性的重要性。Facebook 作为一种聊天软件，着实为人们的生活添加了作料，让生活变得越来越有趣！

或许很多人还没有反应过来，但 Facebook 已经变成了一个庞然大物，这或许就是创新与趣味结合后诞生的商业奇迹。

【创新启示】

　　扎克伯格曾这样说道："每个人的身上都存在着有趣的故事、有趣的人生，不是我创造了趣味，我只是创造了一条绳子，把所有有趣的事情串联起来。"对于企业来说，你生产的产品是否具有趣味性是很重要的。随着社会的不断发展，人越来越关心趣味性与实用性，有趣变得越来越重要。

▲ 创新必须要坚持自己的判断

曾经在线招聘网站 Glassdoor 的一份调查结果显示，扎克伯格已连续几年跻身于美国支持率最高的十大 CEO 之列。这位总被笑称为"大男孩 CEO"的扎克伯格究竟是如何赢得了员工的超高支持率呢？

Facebook 的 iOS 软件工程师埃米尔 - 梅蒙认为扎克伯格是一个非常有原则的管理者，"他始终致力于'让世界变得更开放，联系更紧密'这个目标。他从不动摇，所有的研发和收购活动均围绕这一目标进行"。的确如此，扎克伯格在 Facebook 的创新工作上一直都在坚持自己的判断。这也是帮助他赢得更多员工支持率的一个重要原因。

扎克伯格年轻、傲气，非常富有进取精神，但同时也有经验不足的明显缺点，在偌大的团队中，一个年轻而缺乏经验的 CEO 要想坚持自己往往要比一个成熟的管理者更加困难。不管是面对 Facebook 的内部员工，还是面对公众和媒体，扎克伯格从不回避自己年轻、缺乏足够经验的事实，他很坦然地在坚持自己，正如他 22 岁时在一次媒体采访中所说的那样，"看看，我们如此年轻，我们第一次来到硅谷的时候，我们知道有很多东西需要学习"。

一方面，扎克伯格像一块海绵一样吸收新知识、补充新技能，另一方面对于 Facebook 他逐渐形成了更加清晰明确的判断。扎克伯格是一个特别坚持自己判断的人，他不会因为外界的干扰而放弃自己的坚持，他总是能够快速而准确地找准自己的创新方向。

2006 年，扎克伯格一直与维亚康姆和雅虎等公司交涉，希望能够获得 10 亿美元的投资，但事情进展得并不是顺利，眼看着公司不断地烧钱，扎克伯格所承担的各方压力可想而知。尽管 Facebook 曾面临过很多经济上的困境，但扎克伯格一直都在坚持自己的判断，并确立了"我要更加开放"的发展思路。

2007 年，经过反复思考后的扎克伯格做出了一个重大的决定，即将 Facebook 打造成一个可供各种程序运营的免费软件平台。在偌大的会议室里，扎克伯格一提出这个想法，就立刻遭到了股东们的强烈反对，他们认为这是一个极不靠谱的想法。免费提供给各种用户，就意味着将 Facebook 最机密的核心部分免费给了自己的竞争对手。这无疑是在增加自己的风险，给机会让别人打垮自己。另一方面，完全的免费对股东们来说也是一项巨大的损失。免费开放给用户，就无法收取一定的费用，那么股东们的利益靠什么来保障？

扎克伯格缓缓地站起身来，清晰地向股东们解释自己做出这个决定的原因。在扎克伯格看来，此刻的 Facebook 正处于上升期，这个时候收费完全是把自己的用户驱赶到对方的地盘上，这样来说，无疑是一场慢性自杀。若是把 Facebook 做成一个可供各种程序运营的免费软件平台，可以吸引大批用户过来。有人的地方就会有市场，而有了市场不怕创造不出财富。另外，免费的平台自然会吸引一些软件开发商过来，他们在 Facebook 上习惯了之后，慢慢就会对 Facebook 产生依赖。而作为广大的普通用户，给予他们免费使用的权利，让他们自己在 Facebook 上尽情地做自己喜欢做的事情，慢慢的用不了多久的时间，Facebook

的用户势必要激增，这无疑是在提高 Facebook 的自身地位，到时候人气十足的 Facebook 还会愁赚不到钱？

虽然扎克伯格已经把问题分析得如此透彻，但还是遭到了股东们的反对，他们强烈的抗议着，认为自己潜在的利益遭受了威胁。他们提出了与扎克伯格完全相反的一种方案，要完全封闭式地对 Facebook 进行操作，独享 Facebook 带来的经济利益，这样利润才会增加而不会受到损害。甚至连扎克伯格最忠实的追随者肖恩也对扎克伯格的此项举动表示深深的怀疑，他曾经在一次公开的会议上来形容扎克伯格的此番行为，"这无疑是史上最空前绝后的一场赌博！"

可是这样强烈的反对声也没有动摇扎克伯格要免费开放 Facebook 的决心，他始终坚信自己的判断，很快他便在全球范围内宣布了免费开放 Facebook 的消息。一时间 Facebook 免费开放的消息像是一颗巨大的炸弹，在世界的各个角落翻滚起来，同样，大量的软件开发者也纷至沓来，他们很快就变成了 Facebook 最忠实的粉丝。一大批一大批的软件开发者席卷而来，没多久便开发出了更多实用的软件，而新软件又吸引了新用户。如此周而复始的循环，把用户给死死地套牢。没多久，Facebook 的用户就激增到 5 万人。

创新必须要坚持自己的判断，不受外界的干扰，快速做出准确判断，只有这样才能在成功的路上越走越远。扎克伯格是清醒的，他用自己的眼睛观察着纷争的世界。在一次访谈中，他说"除了我，没有其他的人会做这样的事情"，这是一种创新，同时我们也能够听出话语中所隐藏的舍我其谁的王者风范。

纵观成功的企业家或管理者，无一不具有强烈的个人风格，他们不容易受到外界舆论的干扰，能够一心按照自己的想法坚定地前进。一个没有方向的人，只会在人云亦云中随波逐流，只能不停地追逐他人的脚步，走别人的路怎么可能获得巨大的成功呢？如果不想成为追随者，那么就要像扎克伯格一样，坚持自己的创新，坚持自己的价值判断。

【创新启示】

伟大的人总是孤独的，他们有着自己的想法，而这些想法往往又是与常规相悖的，所以伟人又常常会被称为异类或怪人。扎克伯格身上最宝贵的不是他的想法，而是他对自己想法以及判断的坚持。其实只要我们能够突破常规的种种束缚，能够把理想、目标一直坚持下去，那么没有什么不可能。

▲ 创新要有坚定的信念

2010 年在 Belle Haven 社区学校的八年级毕业典礼上，Facebook 的联合创始人扎克伯格做了一番诚挚的演讲，演讲的题目是《不要再说"我不能"》。"无论是建立像 Facebook 这样一个公司，还是生产一款像 Facebook 这样的产品，每前进一步，都需要付出巨大的努力，这一路上可能荆棘满地、困难重重，你要不断地告诉自己，我可以，这样你离成功之路就又近了一步。"

每个创业者在创业过程中都会遇到各种各样的困难与挫折，包括一些巨大的物质诱惑，这一路上必然是困难重重，如果没有一个坚定的信念做支撑，Facebook 很可能并不是我们今天所看到的这个样子，它可能在无声无息中消失在互联网的浪潮之中，也可能早已经被其他互联网大亨收入囊中。

从 Facebook 草创的那一天起，扎克伯格的心里就树立起了坚定的信念，他知道，自己终会有一天能从前人的手中接管过这个世界。

当时扎克伯格和几个同学在一所租来的出租房里，决定成立一个叫做 Facebook 的互联网公司。扎克伯格有些兴奋，他大声地向周围的伙伴宣布，更确切地说，是向这个世界摇旗呐喊。"从今天开始，让我们建立起共同的文化价值观，为从前人的手中接管这个世界而不断的努力！"他大声地呐喊着，这是来自扎克伯格内心的声音。周围的伙伴面面相觑，有几个人嘴角间还露出了些嘲笑，就当时的情况来说，这个口号的确是豪言壮语。

成立之初，公司不过几个人，设备也不齐全，甚至明天能不能存活下去还是一个未知之谜，拿什么来谈接管这个世界？在伙伴们看来，这无疑是把牛皮吹上了天。伙伴们笑了，更多的其实是不屑。可扎克伯格才不在乎这些，他现在要做的，是先让自己确立好目标，给自己一份坚定的信念。他就是让所有人都知道，我可以的！他什么都不在乎，哪怕这样的嘲笑来自于自己的伙伴。

他努力奋斗，默默地坚持着。8 年之后，2012 年的 2 月 2 日，Facebook 正式提交了首次公开招股的申请书，5 月份在美国加利福尼亚州的总部，扎克伯格敲响了开市的钟。此次 IPO 发行价为 38 美元，发售 4.2 亿股，融资规模将达 160 亿美元。各大媒体的评论人纷纷把眼光聚焦到这个男孩身上，此时的他年纪还不到 30 岁。

扎克伯格能够走到今天，取得这样巨大成功的根本原因便是其强烈而坚定的信念。在他的脑海中有一个关于互联网的美好梦想，而他要做的便是把这些梦想一个个地转化为现实。

在一次招标书中，扎克伯格这样写道："之所以建立 Facebook，并不仅仅是为了组建一家新的公司，更大程度上是在完成自己的一种使命，让整个世界变得更加紧密。这是我的梦想，也是 Facebook 的梦想。"这便是来自扎克伯格内心最真实的想法，它不是一种宣传的噱头，而是支持 Facebook 一步步走到今天的坚定目标。正是靠着这个坚定的信念，Facebook 一步步地从哈佛大学宿舍楼里的小公司成为资产千亿美元的互联网领军者。

据 2014 年国外媒体保守估计，Facebook 的资产大概在 1040 亿美元左右，人们对此都相当震惊。上千亿美元的资产、超过 8 亿的用户……这一个个的标签贴在一个不到 30 岁的男人身上，的确是足够吸引大众目光，这些标签与这个稍显稚嫩的面孔形成了强烈的视觉反差。

要创新必然就需要付出代价，面对接踵而来的苦难与挫折，扎克伯格也不例外。

生活上，他一直让自己过着清教徒一般的生活。住在租来的房子里，一辆自行车是他每天上下班的交通工具。在他看来，Facebook 要前进的道路还有很长的一段路要走，他崇尚真实性，旨在让这个世界变得更加透明、彼此分享。正是这种坚定的信念，才使得他不断地严格要求自己。在外人看来，扎克伯格是一个腼腆、阳光、积极向上的大男孩，而在家人看来扎克伯格却顶着巨大的压力，那种伴随 Facebook 一起成长所要付出的巨大努力是外人所无法体会的。

当雅虎、微软等老字号大牌互联网公司提出收购 Facebook 的意向时，扎克伯格断然拒绝了。扎克伯格的妻子曾透露："马克在拒绝雅虎提出的 10 亿美元收购的那段日子，他的心里是顶着巨大压力的。"面对诱惑，面对 Facebook 的未来，扎克伯格的内心仍然坚持着最初的梦想，那便是把 Facebook 做得更好、更酷，而不仅仅是高价出售。好像除此之外，一切都不再是那么重要。

正是因为有着强大信念的支撑，扎克伯格才能一步步走得踏实而稳重。成功是没有任何捷径的，而创新更是要付出千百倍的努力。在今天 Facebook 已经成为互联网界鳌头的时候，当人们一起回顾扎克伯格曾经的豪言壮语时不难发现，他和他的伙伴们正在一步步地从前人手中接管着这个世界，他们真的做到了。

【创新启示】

在现实生活当中，很多人之所以失败，很大程度上是由于其没有一个坚定的信念。他们常常会在接近成功的时候选择了放弃，最终与成功失之交臂。企业亦是如此，当你决定创新改革的时候，必然会遇见前所未有的困难，这时唯有一个坚定的信念才能让你支撑下去、前进下去。

▲ 创新不重要，有需求的创新才重要

20 世纪，微软发明了 Windows 操作系统，这种操作系统让人们上网变得更简单。随后兴起的 QQ，让网上聊天形成了一种潮流趋势。再往后，百度、雅虎等电脑公司看到了人们对信息需求度的日益增加，发明了搜索引擎，并成为互联网行业的商业巨头……纵观整个互联网的发展史，我们可以得出这样一个结论：所有满足用户需求的企业都得以蓬勃发展。创新很重要，但满足客户需求的创新更重要。

扎克伯格很早就意识到，创新的根本目的是为了满足用户需求，有需求才会有人去使用，有更多的人使用才能创造出更多的价值。在 Facebook 的整个设计以及发展过程中，扎克伯格在创新的过程中始终都在坚持紧贴用户需求的原则，甚至不惜为了更好地满足用户需求，而拒绝大笔广告订单，主动舍弃公司的利润。

截止到 2012 年，Facebook 的全球用户总数突破 10 亿人，一跃成为全球最大的社交网站，从 2004 年 2 月上线仅仅用了 8 年时间。实际上，社交类的应用工具并不是只有 Facebook，那么 Facebook 究竟是凭借什么在广大同类工具中迅速脱颖而出,并赢得各国、各地区用户喜爱的呢？

在 Facebook 的不断发展过程中，扎克伯格与其团队总是在关注着产品本身，从 Facebook 的最初级版本"the Facebook"上线之后，扎克伯格团队就不断地关注着用户的产品体验，积极的改良创新，以求更好的用户反馈。在每次创新改良的过程中，Facebook 都始终坚定用户至上的原则，每一次创新都是为了产品更易于使用。

其实，Facebook 在公司创立之初就把自己定位成一个高科技的企业，其根本宗旨便是为广大的网民服务，打造一款免费的平台软件，在技术的创新上采取兼容并蓄的方式，也是为了以广大网民的需求为主。

在这一宗旨的指引下，扎克伯格带领 Facebook 的创作团队不断地对产品进行更新，使其更好地满足广大用户的需求。

Facebook 一直坚持实名制，此举可以让开发商很快分析出用户的个人喜好，从而做出更符合用户需求的新产品。这样周而复始的良性循环，可以粘牢大批用户。

2008 年，Facebook 与苹果公司合作，开发了适合 iPhone 手机的 Facebook 应用程序。2009 年 9 月，从下载数据来看，下载数量已达 1200 万次。在 2008 年最受广大手机用户喜爱的免费软件中，Facebook 排在第二位。

紧接着，Facebook 开始着手打造 Mac 版本和 Android 版本，这使得 Facebook 满足了更多用户的需求，一时之间用户激增，Facebook 在互联网界的地位也随之进一步得到巩固。2009 年 Facebook 开始研究一款可以与智能手机相连接的软件，这样用户们可以直接在手机上进行登陆，Facebook 的程序变得越来越人性化与简单化，人们快速上网的需求不断地得到满足。

尽管扎克伯格在满足用户的需求方面做了非常多的尝试与创新，并取得了一些成绩，但他并没有仅限于此，而是继续不断地进行用户需求方面的创新开发研究。

2010 年开始，Facebook 增加了收发信息与邮件的功能，这样可以使广大用户边使用 Facebook 边收发信息，工作与休闲娱乐两不耽误。

2011 年，Facebook 公司又增添了日历的功能。

2012 年，Facebook 公司开始与 Skype 公司一起开发视频通话功能，这样用户与用户之间就可以通过 Facebook 进行视频通话，并且令广大用户兴奋的是，在 Wi-Fi 状态下，Facebook 的视频通话是完全免费的。只要用户打开 Facebook 的主页，就会发现在原本的 message 和 poke 两个键之间增加了一个叫 call 的按钮，点击此处，对方即可收到你的视频通话邀请，对方会弹出"yes"或"no"的信息，点击接受，两人就能一对一的视频通话。

毫无疑问，Facebook 在用户需求方面的创新是非常成功的，这使其迅速吸引了大批用户，并成功跻身全球领先的社交网站之一。在扎克伯格看来，没有需求的创新是没有价值的，也不可能在商业上取得巨大成功。唯有急切的被用户们需要的创新才是互联网公司成功的关键，Facebook 就是一个非常典型的范例。

值得注意的是，用户们的需求并非是一成不变的，随着社会的发展，人们生活的变化、用户的需求也会从初级逐渐变得高级。比如微信问世后，很多微博用户发现微信更好用，于是纷纷转战微信阵地，这其实就是用户的一种需求升级。

要想像扎克伯格一样更好地满足用户的需求，首先就必须要结合整个社会环境、人们的生活习惯等多方面去准确了解他们的内心需求，只有建立在用户需求基础之上的创新才是有商业价值的，才是值得我们为之去努力、奋斗的目标。

【创新启示】

创新的目的是要满足用户需求，这个需求就像是一个衡量创新优劣的标杆，满足需求的创新自然会得到广大用户的追捧，反之，则会出现新产品无人问津的后果。所以说，找对需求、看清发展趋势很重要。

▲ 创新也要在营销上耍耍新花样

现代社会是一个信息满天飞的时代，在这样的大环境下，酒香也怕巷子深，一个互联网企业如果只顾关起门来搞技术创新，而不懂得在营销上耍耍花样，那么即便产品很棒、技术很牛，也很可能会门可罗雀、无人问津。

扎克伯格的形象曾一度非常低调、木讷，像很多年轻人一样，穿着随意、不拘小节，编程出身的他身上有不少属于宅男的影子，比如喜欢吃麦乐鸡，常穿牛仔裤，有时穿着 adidas 拖鞋出境，公众对他的印象也大多都是大男孩，不过这并不代表着他在 Facebook 的营销上就没有新想法。

一个企业要想不断地前进与发展，不仅要在产品上创新，在营销上也要不断地进行创新，想出新的营销点来带动整个产品的销售与发展。扎克伯格在这一点上的创造力和想象力绝不输给那些专业的营销人。

在 Facebook Home 上市之前，扎克伯格就亲自制定了为新产品宣传的计划，并希望以出奇制胜的营销点一举实现 Facebook Home 的成功。

扎克伯格对 Facebook Home 这款产品表现出了超乎寻常的兴趣与自信，还专门为 Facebook Home 拍摄了一段广告。在这段广告中，像很多年轻老板一样，扎克伯格正在兴奋地演讲，"hey，快看，这是什么！"而员工们的反应却有些反常，他们不顾老板的喜悦与演讲，都在低头玩着什么。这时镜头对准一个员工手里的新产品，给予特写镜头，原来是 Facebook Home 的 HTC First 手机。

扎克伯格在这则广告中尽可能地还原了自己的工作状态，并将其命名为"Menlo Park 幕布后的一位有趣的窥探者"，显而易见扎克伯格拍摄这则广告就是为了 Facebook Home 的产品宣传。

很长一段时间，扎克伯格都非常低调、腼腆，很少出现在镜头前。主动参演产品广告的大胆做法其实也是一种创新，一种营销方式上的创新，扎克伯格希望凭借自己的名人效应来带动整个产品的熟悉度，由此也不难看出，扎克伯格在产品的营销方面也是个非常有想法的人。

除了亲自为旗下产品拍摄广告外，扎克伯格在营销方面还有不少行之有效的创新之举。

"我们在广告桌面领域其实很有市场，有空白的地方就可投放广告，有广告的地方就有收益。"正像扎克伯格所说，广告桌面也是一个营销产品的好办法。近几年，扎克伯格的团队开始把营销的利益点放在移动广告的收费上。

不得不说，扎克伯格把营销投放点放在移动设备上是一个明智之举。现在社会已经步入了掌上时代，全球约有 50 亿的移动设备用户，这些用户常常一动不动地盯着掌上设备，浏览上面的广告信息也便成了分内之事，所以，移动设备下确实隐藏着巨大的商机。

此外，Facebook 在商业化的过程中，扎克伯格对广告收费模式也进行了一定的创新和改变，他抛弃了比较传统的 CPM 或者 CPC 收费模式，而是采用观察广告的曝光率和到达率的方式与广告客户议价，这在一定程度上使得更多的广告用户更加信赖 Facebook。

扎克伯格一直在带领 Facebook 试图打造一种新的营销模式，以便让广告更好地融入到 Facebook 的内容中去，而不是采取原来加大广告、削减内容的方式，更好地让用户体验和商业利润有机结合在一起。看不到广告，却处处隐藏着广告，这似乎是广告业所能带来的最高境界，同样，这也渐渐形成了 Facebook 独特的广告投放模式。

或许正是由于 Facebook 在营销上的不断创新，才创造出了新的奇迹。在"人们心中最高价值的互联网品牌"评选当中，Facebook 独占鳌头。据不完全统计，Facebook 每天的登录率在 65% 到 85% 之间，凭借强大的用户登录，再加上 Facebook 简洁整齐的页面、快速准确易被人识别的图标，Facebook 已经形成了自己强大而独特的品牌效应。

一旦形成了自己的品牌效应，所带来的巨大收益是无法计算的。品牌就像一块巨大的磁石，在用户的心中树立起了独一无二的权威地位，把消费者紧紧地与产品黏合在了一起。

【创新启示】

创新不仅要在产品上下工夫，也要在营销方式上进行创新，营销做好了品牌效应便能形成，一旦形成品牌效应，就会增加用户量，这在一定程度上会形成一种良性循环。企业做产品也要如此，良好的市场营销战略很重要，一旦产品的市场占有率有所提高，就会有力促进企业品牌形象的曝光率和知名度，从而形成营销上的良性循环。

▲ 把与众不同练就成一种本能

"不走寻常路"，用美特斯邦威这句广告语形容扎克伯格最恰当不过。他穿着休闲裤参加微软高层会议，把办公室安排在大办公室里最中心的地带，成了富豪但依然住在一室一厅租来的房子里……这个母亲是心理医生、自己主修心理学的男孩子，行事作风总是如此鹤立鸡群，我们永远都不知道他的下一步出什么招数。他所领导的 Facebook 也一样，同样是那么的与众不同。

世界上最怕的便是重复，重复多了便没有任何价值，而只有使自己变得与众不同，才会产生更大的利益与价值。Facebook 在互联网领域中的巨大成功，就是因为在众多的社交应用中，它显得非常与众不同。扎克伯格本身就是一个极具个性的人，而他所创办的 Facebook 也很好地继承了这种与众不同，这也正是 Facebook 对广大用户的吸引点之所在。

每个公司都有属于自己的产品发展方式，Facebook 也是如此，扎克伯格曾经详细地向广大网友讲述了 Facebook 与谷歌、惠普等公司的不同之处。他坦言，Facebook 更注重的是对自己使命的完成，而不仅仅是金钱和利益。

"对于惠普，你听到的有关他们的事情总是'惠普之道'。而谷歌

总是和他们的文化非常紧密地联系到一起，他们真的非常喜欢这一点。而我们则专注于公司使命——打造一家让世界更加开放和连接的公司。这种理念表达方式可能会随着时间的推移而逐渐发生变化，但也可能是我永久的看法。"

透过扎克伯格的这段访谈，我们不难看出，Facebook 的战略目标是加强用户与用户之间、用户与这个世界之间的联系。这与很多公司追求利润、追求上市的目标有着本质上的区别。

此外，Facebook 的赢利点与苹果、惠普等互联网公司也有很大的不同，微软、苹果、惠普等最重要的赢利点是他们的产品，而 Facebook 成立之初就采取完全免费的策略，吸引了大批用户入驻，扎克伯格从没想过通过产品赚钱。像 Facebook 这种大门大开的模式，很大程度上可以起到招商引资的作用，很多第三方商家可以在 Facebook 上创造出新的增值点，因此就形成了 Facebook 独特的广告盈利模式。

Facebook 的广告盈利模式，其实是一种与淘宝网类似的产品信息共享交易平台。平台一端是广大用户与消费者，而另一端则是 Facebook 上的广告商。当他们的产品获益之后，会给 Facebook 分一些利润。这样的支付模式使得 Facebook 这个交易平台变得游刃有余。用户既能在 Facebook 上分享照片、与朋友聊天、收发邮件等，又可以看到 Facebook 这个平台所带来的一些广告商产品，并进行交易。

实际上，这与很多软件公司的经营理念也完全不同，就拿腾讯 QQ 来说，腾讯 QQ 上的产品很大一部分是自助购买，或者是腾讯 QQ 本身所制造的产品，大到腾讯生产的一些大型游戏，小到腾讯自己生产的

QQ 秀等。而 Facebook 本身并不提供类似游戏、QQ 秀之类的收费型服务，这就是扎克伯格与众不同的创新之处。

2011 年 Facebook 的内部资料显示，仅第四季度的总营收就达到了11.31 亿美元，其中广告营收 9.43 亿美元，占比 83%。由此不难看出，扎克伯格与众不同的经营策略是非常可行的。将广告作为一个重要赢利点，不仅合乎商业法则，也是一个非常高明的做法。

很多企业在发展过程中常常会遇到并购的问题，Facebook 也不例外，不过联合创始人扎克伯格对并购则有着与常人不同的看法。有的企业并购是为了扩大自己的规模，有的企业并购是为了让资金流动性加强……而 Facebook 并购的目的则是为了让更多的人才加入进来。

Facebook 注重人才，这在整个互联网行业是出了名的。扎克伯格在访谈中这样说："我们 Facebook 做了很多收购，你知道，我们看重的是打造产品的优秀创业者。有时候收购并不是真的想买他们的公司或正在做的事情。我们真正想买的，是正在做这些酷产品的优秀人才。你知道，如果你加入 Facebook，你将面对完全不同的难题，能接受这样挑战的人才能加入 Facebook。这就是我们一直能保持成功的原因。"Facebook并购的目的是为了人才的强化，这在日益商业化的今天是弥足珍贵的。

在商品竞争日益白热化的 21 世纪，很多行业都进入了"同质化"竞争阶段，在这样的大背景下，企业要想保持自己的优势地位，就必须要像扎克伯格和 Facebook 一样，把与众不同练就成一种属于自己的本领，融入到企业发展的骨血当中去。只有这样，企业才可能保持人无我有、人有我优的市场优势，进而取得商业上的成功。

【创新启示】

在激烈的市场竞争中，开拓出一条新路很重要。要么拥有引人注目的产品销售方式，要么产品本身非常吸引眼球，只有这样才能保证产品良好的市场占有率。一成不变、故步自封，只会陷入价格战的同质化竞争当中去，永远无法取得商业上的巨大成功。

第三章

布莱恩·切斯基：创新就是要敢于冒险

▲ 创新就是人们提出异议时会想起你

2015 年，总部位于美国旧金山的 Airbnb 房屋短租网站完成了 15 亿美元的融资，并以高达 255 亿美元的估值成为继 Uber 和小米之后的全球估值第三高的创业公司。与 Facebook 很相似，这家极富创意和前景看好的互联网公司，也有一个和扎克伯格一样年轻的 CEO，他就是 Airbnb 的创始人布莱恩·切斯基。

"创立 Airbnb 是因为我也曾付不起房租"。如今的布莱恩·切斯基已经是 Airbnb 的 CEO，身价不菲，但就在七八年前，他还是个一穷二白，连和朋友拼租公寓都付不出租金的普通年轻人。为了不被房东扫地出门，布莱恩·切斯基和朋友做了个小网站，用于出租地板上摆放的三张气垫床，并给租客提供早餐。 Airbed and Breakfast（气垫床和早餐），这就是今天我们所熟知的 Airbnb 公司名字的来源。

Airbnb 的商业概念是房东不在家时出租屋里的床位供陌生人休息。在网站刊登气垫床出租的信息后，布莱恩·切斯基惊喜地发现，居然真的有人回复，并成为气垫床租客，这让他喜出望外，于是他和朋友商议后决定把网站"发扬光大"。不过当初很少有人看好这个点子，布莱恩·切斯基的母亲评价"它是有史以来最差劲的点子"，直到 2008 年 8 月 Airbnb 正式上线，依然没几个人看好，在很多人看来，尽管这个想法非常酷，但根本不可能大规模流行，更不可能形成一个产业。

互联网+
万众创新

在布莱恩·切斯基看来，越是人们提出异议的东西，就越是创新的，越是接近成功的。所谓创新，其实就是要让人们在提出异议时想起你。就是这个曾被无数人异议的点子，如今已经成长为全球互联网行业共享经济的一个标杆式创意，这也从侧面印证了布莱恩·切斯基在互联网创新领域的独到眼光。

如今，这个线上房屋租赁服务已经覆盖了 190 多个国家和地区，超过 4 万个城市，一晚上就能发布 200 万个左右的出租或求租信息，据相关数据显示，该网站平均每晚有 80 万人在线，所达成的交易额也是非常惊人的。作为共享经济的鼻祖，Airbnb 可提供 200 多万套的房间，即便是像万豪、希尔顿、喜达屋等人们所熟知的全球连锁酒店集团，也无法像 Airbnb 这样提供如此海量的房间，覆盖如此广阔的地域。

布莱恩·切斯基带领 Airbnb 摇晃着互联网时代共享经济的大旗火遍全球，但作为新型的共享经济型公司，必然会触碰到制度的藩篱，必然会与传统的商业模式发生碰撞，正如国内普通出租车公司当初对滴滴等打车软件的抗议，Airbnb 在传统和制度方面也同样面临着四面八方的异议。

Airbnb 在美国旧金山的总部曾被一大批抗议者围堵，起因是不少人认为 Airbnb 短租网站是造成旧金山住房成本不断高涨的重要推手之一，于是这些抗议者手拿印有"HOMELESSNESS（无家可归）"、"EVICTIONS（驱逐）"等标语的气球，来到 Airbnb 总部进行集体抗议，对此美国政府也对该网站加强了监管力度。

所幸的是，在布莱恩·切斯基的不断斡旋和努力之下，每年 Airbnb 的短租时间将最多不能超过 75 天的限令最终并没有获得通过，在此事

尘埃落定后，布莱恩·切斯基接受了不少媒体的公开访问，并讨论了
Airbnb 在监管制度上的胜利。"当人们提出异议的时候会想起我，可能
他们理解我，也可能不理解，但是事情的关键不是我，最关键的是这些
房主。"正如布莱恩·切斯基所说，只要有人需要短租，只要有无数的
房主愿意用自己的房子提供短租，那么在巨大的市场面前，任何异议和
抗议都将是苍白无力的，即便是 Airbnb 的 CEO 布莱恩·切斯基自己也
无力阻止，因为这是大势所趋。

任何一个创新的举动都会遇到各种各样的异议，对于互联网公司来
说，如果日复一日地进行重复，所有举措都没有任何异议，那么距离破
产也就不远了。一个公司没有任何异议是很可怕的，一个有异议的点子
才能打破陈规，才能用属于自己的方式方法与市场相较量，并在长期的
坚持不懈中取得胜利。布莱恩·切斯基和 Airbnb 从来都不怕面对公众
的异议，正是这些异议帮助 Airbnb 在无数次挑战面前不断突破、不断
成长、不断壮大，并最终快速成长为今天的互联网巨擘。

【创新启示】

对于互联网这个新兴行业来说，没有异议就没有创新
力。任何一个行业都有它的既定规则，这些规则是由那些
掌控市场的行业巨头大佬们制定的。在这样的游戏规则里，
无论你怎样努力也不可能实现超越，要想有出头之日，就
势必要打破巨头们原来的规则，建立新的游戏规则。在这
个过程中必然会有数不清的异议，所以千万不要惧怕面对、
处理异议，没有任何争议的时候才是最可怕的。

▲ 分享闲置也是一种创新

2015 年，Airbnb 的估值高达 255 亿美元。为什么投资者们会给这家成立时间不足 10 年的房屋短租网站如此高的估值呢？长江商学院教授朱睿看来，"其中一个重要的原因就是它颠覆了酒店行业"。

不管是在美国还是中国，酒店行业都是一个非常成熟的行业，秉承"宾至如归"的理念，为广大商务、出差、旅行人士提供更加舒适的住宿服务。尽管这个行业很成熟，但与消费者之间依然存在着摩擦，对于四处穷游的学生、普通散客、出游的家庭等消费群体来说，酒店的价格和设计似乎并不亲民，这些消费群体在酒店里很难找到宾至如归的感觉，这就为 Airbnb 的发展提供了广阔的空间。

分享改变世界。据相关数据显示，仅 2014 年一年，通过共享经济流入人们钱包的金额就超过了 35 亿美元，增长速度超过了 25%，在当今市场日趋饱和的大环境下，共享经济的表现非常突出，不论我们是否愿意承认，它都将成为一种颠覆性的经济力量。

作为共享经济的鼻祖，Airbnb 和布莱恩·切斯基一直都走在分享的道路上。布莱恩·切斯基和自己的伙伴最初以每个床位 80 美元的价格，分享三张闲置的气垫床，竟然赚到了 1000 美元；后来，他们不光分享自己的闲置，还帮助那些具有闲置资源的房主利用闲置房间取得收益。创业初期，布莱恩·切斯基、内森和乔·杰比亚三个创始人，每天都会背着相机去房主家拍照，然后上传到 Airbnb 网站，等待有缘人的光顾。

目前，Airbnb 已经有将近 200 万的房屋主人在该网站上登记了他们的空闲房间，Airbnb 为这些房主提供了一个非常简单有效的生财途径，即利用自己的闲置空间和闲置资源赚钱。

千万不要小看分享的力量，互联网所催生的共享经济正在渗透到人们工作和生活中的方方面面，拼车、短租、团购网站……生活在大都市的人们在互联网的巨大信息整合之下，衣食住行都变得便捷而优惠，这就是共享经济的魅力所在。

Airbnb 的盈利方式主要是向房主和客户收取佣金，对一般租客要收取 6%~12% 的服务费，对房东则收取 3% 的服务费。这就意味着每间房屋能够出租的价格直接决定了 Airbnb 公司的收入，所以要想获得更高的利润，一方面要扩展规模，另一方面就要想办法提升价格。由此除了提升服务品质外，获取高溢价的最佳方式就是创造出美的差异化。

据 Airbnb 创始人之一的内森介绍："如今，我们有约 2000 名签约摄影师散布在世界各地，我们为每一张照片付钱，而房东无需付一分钱。"这种雇佣自由摄影师拍摄并登记房源的办法，极大地丰富了 Airbnb 的服务内容。

此外，为了获得高溢价，Airbnb 推出了居家体验、特色奇居、融入当地等理念，通过为每一处民宿注入人文价值来实现高定价。与酒店提供的千篇一律的房间相比，Airbnb 提供的短租服务更加个性化、人性化，用户所预定的房间可能是城堡、宫殿、游艇、蒙古圆顶帐篷，偶尔还有树上小屋，房租通常要比酒店便宜，可以与当地房间的主人交谈，更好地了解当地，体会不同地区的差异，了解不同地区的人们，体验不一样

的生活方式等，这远远要比住酒店丰富有趣得多，更重要的是租金花费更少。

事实证明，以分享为依托的 Airbnb 确实具有强大的创造力和市场竞争力。拿 2015 年来说，Airbnb 有 1600 多名员工，共同管理着全球 190 多个国家的 100 多万套房间，与之相比，希尔顿酒店 2015 年近 16 万员工只负责 67 万间客房，喜达屋 2014 年 18 万左右员工负责不到 35 万间客房。共享经济鼻祖 Airbnb 与传统酒店行业的管理效率，高下立见。

分享闲置是一种创新，美国内布拉斯加州立大学博士覃冠豪在自己的文章中称，"Airbnb 仅仅是对等经济的一个例子。人们已经开始把自己的私家车租给陌生人，把自己的宠物寄放在陌生人处，把自己的电动工具出租给陌生人……"换句话说，共享经济颠覆的不仅仅是传统酒店行业，它还在潜移默化地影响着我们每个人的生活，改变着大众的生活方式，因此，谁又能说 Airbnb 一直所倡导的分享不是一种创新呢？

【创新启示】

分享也能改变世界，这不是一句玩笑话，如今分享正在成为一种新的互联网经济形态，Airbnb 改变世界的方式在于成功开创了一种新的商业模式，即通过分享创造经济价值。不管是闲置的房间、房产，还是暂时用不着的汽车甚至时间，只要你愿意，都可以利用技术在网上进行租售，这在传统商业思维中是不可想象的，但 Airbnb 却把它变成了现实。

▲ 在管理上要保持好奇心

Airbnb 公司创始人布莱恩·切斯基在公司的管理上一直保持着强烈的好奇心，实际上布莱恩·切斯基在此前并没有任何管理经验，他毕业于罗德岛设计学院，曾一心致力于成为一名优秀的工业设计师。这个没有任何管理经验，也没有任何商业背景的年轻人，究竟是怎样让 Airbnb 的管理实现高效率的呢？

与希尔顿、喜达屋等传统酒店相比，Airbnb 不足 2000 名员工管理着全球 200 多万套房间，这样的效率是非常不可思议的。对此，美国的各界媒体充满了好奇，在接受记者采访时，布莱恩·切斯基非常坦诚地分享了自己的管理经验，"Airbnb 是一艘巨轮。身为首席执行官，我是船长，但我实际上有两项工作。第一项工作是，我必须关注吃水线以下的一切事情，也就是能够造成沉船的任何事情。除此之外，我还必须专注于两三个我特别有激情的领域。它们不在吃水线下面，我之所以要关注，是因为我能够给它们添加独一无二的价值。我是真的对它们有激情，这些领域如果做得好，就能够真正让公司脱胎换骨"。

很显然，布莱恩·切斯基对企业管理的看法非常与众不同，一些管理者都在紧抓业绩、加强自己对企业或员工的控制力，而布莱恩·切斯基却将自己定位于一个"危机预测解决专家"，随时关注 Airbnb 在市场中可能遇到的风险，并尽可能地避免"沉船"。

令布莱恩·切斯基产生激情的三个领域是产品、品牌和文化，正如他在采访中所说，"我在这些事务上介入得相当深，其他事务我都授权给别的领导者，只在吃水线下有洞时我才会介入"。

一个年仅 33 岁的首席执行官，在 Airbnb 的管理上能够拥有这么高层次的管理战略思维，是非常难能可贵的，这种管理思维的人似乎更像一位商业老江湖，而不是一个初出茅庐的年轻人。

在 2008 年以前，切斯基从未听说过任何天使投资人，但随着 Airbnb 的上线和日渐壮大，未经过任何管理或商业上的培训的他仅凭一个强大的商业创意就走上了首席执行官的岗位，而且这种变化还来得非常突然。学习管理的传统途径是先就读商学院，然后进入企业不断磨练，逐渐成为一个独当一面的领导者，但布莱恩·切斯基似乎打破了这种学习模式。

为了尽快适应职业角色的转变，布莱恩·切斯基一直都保持着强烈的好奇心，超越局限，广泛搜罗最佳实践的办法，以提升破解领导力。

身为 Airbnb 的首席执行官，布莱恩·切斯基别无选择，只能全心投入管理工作，因为公司不会等着他。"我有两种学习方式：一是试错，二是找人。只要找对人，你就能快进了。"

那段时间，布莱恩·切斯基花费了大量精力用于研究和寻找相关领域里最牛的人，然后直接去请教管理方面的经验，"听君一席话，胜读十年书"，这的确是一个非常高效的进步方法。

从 Facebook 的谢丽尔·桑德伯格那里，他学到了不少海外扩张业务的办法；在拜访鲍伯·艾格和马克·贝尼奥夫时，他懂得了怎样做才能推动高管团队的工作效率；与巴菲特会面商讨时，他领悟到了更先进的管理技巧和管理智慧……

布莱恩·切斯基拜访过非常多的知名管理人士，包括 Facebook 的马克·扎克伯格、亚马逊的杰夫·贝佐斯和 eBay 的首席执行官约翰·多纳霍等，从这些人身上，他汲取到了各种各样的管理智慧，此外他还阅读了不少有关管理技巧的图书，比如《格鲁夫给经理人的第一课》《康奈尔酒店业绩刊》等，以提高自己在公司管理上的专业水准。

没有人生来就是领导者，布莱恩·切斯基深知这一点，因此他如饥似渴地不断学习，对创业、管理始终都保持着强烈的好奇心，这也正是推动他不断进步的最核心动力。

【创新启示】

如果你对创业、创新、管理等不了解，不要紧，重要的是你现在了解什么？你以后是否想了解更多？你对自己所做的事情是否存有好奇心？为实现目标，你愿意付出多少努力？其实，人的潜力是无限的，只要你能够保持强烈的好奇心，那么没有什么困难不能克服，没有什么问题不能解决。

▲ 承认弱点，才能更有创造力

入选 2015 年《时代》周刊"最有影响力的 100 位人物"榜单，出席白宫记者晚宴时就座于《财富》杂志那一桌，屡次登上各家媒体的头条，被奥巴马总统任命为全球创业总统大使……布莱恩·切斯基正在成为硅谷的新象征人物。

尽管被公众和同行们授予了种种光环，但布莱恩·切斯基还是承认自己仍然有弱点。在切斯基看来，不示弱的本质是讳疾忌医，是放不下自己的领导权威和面子，这是非常不可取的，一个人只有敢于承认弱点，才能坦诚地面对自己的劣势和不足，才能不断改进和完善自己，赢得更多人的支持。

布莱恩·切斯基曾公然坦言，"在招聘高管时花的时间太长，如果什么事情不对劲儿，要过了很久才承认"，此外他对于自己的倾听技术也表示非常忧心，早在他 6 岁时，父母就觉得他听力有问题，曾给他做过听力测试，"显然我的听力确实有问题"。他一直在努力克服这一弱点，在他看来，问题的症结在于他精力太旺盛，没多少耐性，又是一个十足的行动派，容易对谈论、说教等产生厌烦，在听人说话的时候常常会显得心不在焉。

尽管布莱恩·切斯基有不少弱点，但这并不妨碍他成为一个优秀的创业者、管理者。 Airbnb 的投资人格雷厄姆认为："他没有上过哈佛商学院教授的课程，但他是那种带领别人去做自己信仰事情的领袖。"或许布莱恩·切斯基的不少工作方法并不符合传统的商业套路，但事实证明，他的很多想法和做法都是非常有效的。

只有认识了自己的弱点和不足，才能更好地保持创造力，保持在工作上的激情和活力，互联网行业自从诞生之日起，就是一个充满了激烈竞争的，更新换代非常快的一个行业，如果不能用"劣势""不足"和"弱点"来鞭策自己，很难在这样的环境中生存下来。所以站在旧金山48号码头的讲台上，召开年度全体员工会议时，他一直在强调："唯一能够摧毁 Airbnb 的，是我们停止疯狂。"

在当 Airbnb 公司 CEO 之前，布莱恩·切斯基毫无管理经验，他也深知自己的这一弱点，在接受媒体采访时，曾十分自嘲地讲道："我原本上的是艺术学校，后来找不到工作，可五六年之后，我竟然干了这行。对于我这样的人来说，这可不是水到渠成的事情。从前的经历对我现在的工作没有任何帮助。"正是因为布莱恩·切斯基深知自己不懂管理的弱点，所以才掌握了一项关键技能，即学会快速结交能够助其更上一层楼的专业人士。

从风险投资家保罗·格雷厄姆那里，布莱恩·切斯基得到了"拥有100个热爱你的人，胜过拥有100万个对你有点好感的人"的忠告；在苹果公司首席设计师乔尼·伊夫身上，布莱恩·切斯基明白了坚守纪律、拒绝诱惑对于产品研发和创新的重要性；通过与迪士尼公司首席执行官鲍伯·艾格的接触，布莱恩·切斯基认识到了冷静是一个多么可贵的商业决策品质……

难能可贵的是，布莱恩·切斯基并不是盲目迷信任何一种管理理念

和大道理，而是逐渐形成了自己的管理风格，他一直在推动自己和其他人学会长远考虑，并尽可能地克服自己的弱点，强化自己的专业水准和领导风范。

【创新启示】

切斯基被看作是在扎克伯格之后最优秀的青年首席执行官之一。尽管他在实现 Airbnb 迅速增长的过程中需要面对非常大的挑战，但切斯基热爱这份工作，令他与众不同的事情之一，是他愿意坦率承认自己的弱点，并愿意通过各种努力来适应新的职业角色，迎接随时都可能接踵而至的挑战，并保持持久的创新力。

▲ 一定要有冒险精神

想创业的年轻人，常常会听到亲人、长辈、朋友等人的告诫：没有经验创业很难成功，还是先找一份安稳的工作比较好，等具备了一定的基础再去创业，成功率自然就会变得更高。不过，Airbnb 公司的 CEO 布莱恩·切斯基却并不这样认为，在他看来，创业冲动是稍纵即逝的，当你具备一定的基础后，很可能创业的冲动早已经不在，所以他给出的告诫是："如果你有创业的冲动，现在就应该放手一搏，切勿等待，因为无情的岁月会扼杀一个人的冒险精神。"

Airbnb 的总部在旧金山，但实际上布莱恩·切斯基并非从一开始就在旧金山工作，前往旧金山更像是一场来自朋友邀约的冒险活动。

布莱恩·切斯基毕业于罗德岛设计学院，然后很顺利地进入洛杉矶的一家小型工业设计公司，对于一直梦想成为工业设计师的切斯基来说，这份工作令他非常满意，"最初，我很喜欢那份工作——工资优厚，而且我的一些设计作品还登上了商店货架。"

不过令切斯基感到挫败的是，他设计的产品最终只有一个归宿，那就是进入垃圾场。难道要一直这样设计下去吗？这样的设计真的有意义吗？切斯基越来越无法从自己的设计工作中找到成就感，他渴望能够创造一个更有生命力的，而不是很快被丢弃的设计和商品。

在洛杉矶期间，布莱恩·切斯基接触过一些创业者，这让他感慨良多，

"我问自己：'他们与我有什么区别？我为什么不能做同样的事情？'也就是在那一刻，我终于意识到，他们选择了冒险，而我却没有"。

纵观那些成功的创新者，无一不是敢于冒险的人，他们坚韧执着、意志刚强，只要有了目标，便会不顾一切去奋斗，不达目的，决不罢休。正如泰戈尔所说："只有经历地狱般的磨炼，才能炼出创造天堂的力量；只有流过血的手指，才能弹出世间的绝唱。"只有冒险才能去做更有意义的事情，才能去创造更有意义的事物。

当冒险的热血在布莱恩·切斯基身上沸腾时，他接到了大学好友乔·杰比亚的电话，这位好友自从大学毕业就一直充当说客，极力劝说切斯基前往旧金山发展。于是，切斯基最终果断辞掉了工资优厚的工作，决定前往旧金山冒险，他将所有财产都装进自己破旧的本土思域轿车，开启了崭新的冒险旅程。

冒险往往意味着不确定性，往往与风险一路同行，到达旧金山后，布莱恩·切斯基吃惊地发现，自己居然承担不起第一个月的房租，为了解决这一问题，他和自己的朋友吹起了气垫床，并把起居室租给了陌生人。结果就是这样一个点子，经过不到 10 年的发展，竟然成了互联网行业鼎鼎有名的企业，共享经济的鼻祖。

正像切斯基自己所说，"人总会在某个时刻做出一两个决定，进而彻底改变自己的一生。我后来的一系列决定，都是前往旧金山这个决定的连锁反应。"没有冒险前往旧金山，不可能会有今天的布莱恩·切斯基，没有冒险，他很可能依旧做着工业设计的工作。

在机遇面前，是视而不见继续过安稳生活，还是冒着风险主动出击去创新？如果想改变现状，那么你必须要学会冒险，因为唯有冒险才能不断创新，才能让你摆脱旧生活，迎来新生活。

【创新启示】

如果想避免冒险，那么我们总能找到各种安稳过日子的理由，比如缺乏创业资金、没有相关经验、家庭条件不允许……在切斯基看来，越是随着年龄的增长，越会遇到意想不到的障碍，越是随着时间的流逝，冒险就变得越令人畏惧，所以如果你有创新或创业的冲动，千万不要等待，而应当想方设法地激励自己、发掘自己的潜力。

▲ 越是"不可理喻"越接近成功

很多互联网公司在发展过程中都需要强有力的资金支持，Airbnb 也不例外，在创办短租网站初期，布莱恩·切斯基四处拜访互联网行业的投资人，兜售自己的创意，并渴望获得足够的发展资金。

让房主把上百万的家主动托付给一个陌生人，这根本就是天方夜谭。谁会主动把自己家的钥匙交给一个陌生人呢？难道房主就不担心人身财产安全？难道就不害怕遭到陌生人的侵犯吗？互联网行业的投资人本来就是脑洞大开，甚至是愿意痴心妄想的一群人，但即便是这样一群人，也认为 Airbnb 的创意简直是"不可理喻"。

不过令人大跌眼镜的是，当初那个"不可理喻"的创意竟然演变成了今天的模样：在 190 多个国家拥有 200 多万套可供租赁的房源；仅2015 年跨年夜这一天，就有超过 110 万人住在通过 Airbnb 预订的房间里；已经有超过 100 万的中国游客使用这款产品成功在目的地租到了房间或房子……

在布莱恩·切斯基看来，越是被认为"不可理喻"的点子往往越是极具创意的，正是因为它足够创新，以至于绝大部分人都无法接受，所以自然会受到"不可理喻"的评价，所以说越是"不可理喻"往往越接近成功。

在经营 Airbnb 的过程中，布莱恩·切斯基一直在创造令人不可思议的点子，并将它们变成了现实。

狂热促销节，买买买一族往往提前一晚就开始排队等待，而Airbnb则给这群热爱购物的人带来了福音，布莱恩·切斯基曾与巴黎老佛爷百货合作，买买买一族只要通过Airbnb就能直接住到商店里去，再也不用为了扫货而熬夜排队了。

关于居住方式，相信每个人都有过很多不切实际的想法，比如想睡在悬崖峭壁、想体验悬浮在空中的感觉、想像鱼一样在深海睡眠……很多人对于自己的突发奇想只是停留在"想想"的阶段，而Airbnb则把很多不切实际的想法变成了现实。2015年初，Airbnb在巴黎的一处滑雪场包下了一些缆车，坐缆车并没有什么稀奇，但你在缆车里睡过觉吗？你把缆车当旅馆使用过吗？没错，就是这样令人尖叫的点子，把缆车停在海拔2700米的半空，只要不恐高、不梦游，你就能入住如此奇特的"缆车旅馆"，运气好的话还可能会看到极光哦！

此外，Airbnb还给追星族们带来了福利，国内名模刘雯就是Airbnb房东中的一员，她曾请粉丝们到她在上海东方明珠的家里玩，粉丝可以零距离接触明星，这样的诱惑力，相信每个追星的人都难以抗拒。在娱乐界，让无数粉丝尖叫的韩国偶像权志龙，也和Airbnb合作过"奇屋一夜"项目。

越是"不可理喻""不切实际"的点子越具有吸引力、越容易在用户中产生轰动效应，还有什么宣传比这更有效、更直接呢？

布莱恩·切斯基在创新方面一直在有意识地追求"不可理喻"，很多人在逛宜家的时候都会产生"能在这里住一夜多好啊！"的感叹，Airbnb则帮助大家实现了这个愿望。

"这是一个不可理喻的想法,这是一桩不可能成功的生意。"布莱恩·切斯基当初在向投资人们推销自己的创意时,听过太多类似的话,但事实证明,"不可理喻"也是一种创新力,被人否定没什么,关键在于要怎样让"不可理喻"的点子变成现实。

创新者往往都是孤独的,因为很少有人能理解他们的脑洞大开,很少有人能真正地认识他们创意的价值,因此支持者和鼓励者也就凤毛麟角,要想让自己的创意走向成功,你首先得有强大的心理素质,不畏惧批评、诋毁、否定、嘲讽,不畏惧投资人的白眼和风凉话,对于一个创业者和创新者来说,心理强大这一点尤为重要。

【创新启示】

全世界的创意经济每天能创造220亿美元,并以5%的速度递增。由此可见创意带来的商业价值。有时候你的创意可能不被理解,可能不被认同,甚至被投资人视为"不可理喻",但千万不要轻易放弃,因为布莱恩·切斯基用事实证明,越是不被理解的创意越容易接近成功,很可能一个不被看好的创意,便能缔造一个企业,便能够创造一份奇迹。

第四章

雷德·霍夫曼：知识相互匹配催生创新力

▲ 坚持差异化就是创新

作为全球最大的职业社交网站，LinkedIn 的用户数已经超过了 3.47 亿，覆盖了全球 200 多个国家。这家总部位于美国加州硅谷的互联网公司，创建于 2003 年，于 2011 年 5 月在纽约证券交易所成功上市。和很多互联网公司一样，LinkedIn 也拥有超强的创富能力，其市值高达 300 亿美金，所有世界 500 强公司都是 LinkedIn 的会员。

2002 年雷德·霍夫曼与自己的合作伙伴在自家客厅里创建了 LinkedIn，并在次年 5 月完成了网站上线。其实，做招聘网站并没有什么新意，仅国内就有 58、智联、猎聘、数字英才、拉勾等众多网站平台，那么 LinkedIn 与我们所熟知的这些招聘网站相同吗？雷德·霍夫曼又是怎样把这样一个网站做出特色的呢？

人无我有，就是一种创新。在雷德·霍夫曼看来，一定要坚持差异化，并且要坚持到底。他给 LinkedIn 的定位并不仅仅是一家招聘网站这么简单，而是涵盖招聘功能的职业社交网站。

与普通招聘网站填写、投递简历所不同的是，LinkedIn 通过职业身份帮助用户建立档案，除了可以像普通招聘网站一样求职外，还能实现职场交友、职场人脉的搭建。首先，用户可以和使用微信和 Facebook 一样设置自己的头像，展示自己的职业形象和工作风貌；其次，可以将职业背景、领域、工作经历、技能认证、教育背景等添加到自己的个人

档案之中；最后，还可以在个人档案中添加推荐信等。

在 LinkedIn 上，用户可以加自己感兴趣的人为好友，比如同行、HR、行业精英等，可以与业内人一起探讨工作技巧、行业发展趋势、职业发展前景等，这是很多其他招聘网站所不具备的。而这种差异化也正是 LinkedIn 能够脱颖而出的重要原因。

除此之外，LinkedIn 的与众不同之处还在于可以给用户提供更多的商业机会，在这里你可以找同学、同事、合作伙伴，可以通过"LinkedIn 洞察"了解最新的行业动态和资讯，从而为自主创业、寻找机遇提供更多的帮助。

2015 年领英公司联合创始人兼执行主席雷德·霍夫曼参加了第二届世界互联网大会，在此次会议中，他明确了 LinkedIn 与普通社交软件的差异化发展路线。"LinkedIn 和 Facebook、微信实现的是不一样的功能。微信上你找不到软件工程师，找不到同样职业的人。Facebook 可以分享照片，丰富你的生活，但很难在职业上对你有所帮助，而领英不仅可以帮你找到工作，还能提供职场沟通的机会。"

在雷德·霍夫曼看来，坚持差异化就是创新。只要你身处职场，需要工作，那么你就需要一种职业人士的社交网络，广大用户的这种内心诉求是无法通过微信、Facebook 来实现的，而 LinkedIn 的创新价值正在于此。它把职场上的人与人很好地联系起来，帮助用户建立某个特定行业或职业的相关人脉，从而更好地挖掘职场潜力，帮助个人在职业上更好地发展。

互联网行业是一个竞争异常激烈的行业，要想在这个行业有所建树，就不能像传统开超市一样去拼规模，而是应当找到自己独特的立足点，也就是差异化，当你和所有同行都存在明显差异时，你可能就会立于不败之地。LinkedIn 的巨大成功无疑很好地佐证了这一点。

【创新启示】

　　坚持差异化意味着要走一条从未有人走过的路，至于这条路会通向哪里，是成功还是破产，谁也不知道。正是因为这种未知的风险，所以害怕失败的人往往不敢尝试，缺乏勇气，即便提起勇气尝试，一旦受挫也会迅速做出退缩的决定。一个真正的创新者势必会是一个独行侠，因为与众不同，因此难以被群体接纳，因为时刻都有失败的可能，所以更加需要勇往直前的勇气。

▲ 创新就是竞争，就是不断迭代

"别管你的第一代产品有多么丢人，要加快自己的研发速度，将它放入市场进行检验，尔后，不断迭代再迭代。"这就是雷德·霍夫曼的创新秘诀。被称为"硅谷人脉王"的雷德·霍夫曼，深受硅谷创新文化的熏陶和影响。

硅谷是整个美国的创新基地，甚至是全球互联网行业的创新发动机。为什么在这片土地上能够诞生出那么多伟大的创新型公司？硅谷为什么会拥有如此强劲的创新力？其中是否存在着什么不为人知的创新秘密呢？在雷德·霍夫曼看来，硅谷之所以能够一直保持创新活力，很大程度上是因为竞争。

雷德·霍夫曼在出席 2015 年创新中国硅谷峰会上曾讲到："对于创业公司而言，把握公司发展节奏很重要，要学会走向世界，学会快速全球化，否则就会被淘汰。"其实，创新的本质就是竞争，与同行竞争、与自己竞争、与潮流竞争、与传统竞争……一旦丧失了竞争这一外部的催化因素，创新就会失去动力，创新工作就会随之陷入泥潭之中。

LinkedIn 自从 2003 年上线以来，一直处于一种紧绷的状态。雷德·霍夫曼不断探索研究雇佣关系的变化，致力于将公司知识相互匹配的创新，积极主动地扩展 LinkedIn 的服务范围和业务版图，还斥资 15 亿美元收购 Lynda.com，实现 LinkedIn 的不断优化。

中国比其他国家拥有更丰富、更庞大的用户资源，在这样的大背景下，雷德·霍夫曼也应潮流而动，带领 LinkedIn 开启了入华旅程。从中文版上线，到推出手机 APP 赤兔，雷德·霍夫曼借助快速竞争的优势，不断推陈出新。

创新就是竞争，就是不断地迭代，雷德·霍夫曼更看重创新的速度，现在社会早已经不是那个大鱼吃小鱼的规模为王的时代，而是一个快鱼吃慢鱼的效率为王的时代，哪怕你的创新很有价值，但只要比对手晚了一步，也只能沦为市场的淘汰者。所以，创新不是过于追求完美，而是要找到合适的节奏，通过不断地更新换代来实现长效创新。苹果、微软等公司都是这样，先推出基础性产品，然后再在原来的基础上不断推出新版本。

逆向思维法也是雷德·霍夫曼比较推崇的创新秘诀，比如当 50% 的人都在规劝你这个创业前景不好，你或许就该反过来想想，怎么做才能坚持你的创业，怎么创新才能避开绝大多数人都会遇到的陷阱。

此外，创新还要与企业的发展步伐相一致，当公司实力太过于弱小时，就要把有限的力量集中到一个点上搞创新，而当你的公司从 50 人快速发展到 300 人，就应该对公司的战略布局进行重新调整，尝试开拓其他市场。

【创新启示】

竞争，疯狂地竞争，这就是 LinkedIn 联合创始人雷德·霍夫曼给我们留下的创新启示。仅有 300 万人的美国硅谷拥有 50%~75% 的创新公司，这些创新公司不仅能够实现本土

创业，还能在全球范围内不断扩张发展，其中的秘诀就是
主动参与残酷竞争，竞争越激烈，创新力就会越旺盛。有
时候不逼自己一把，你永远不知道自己有多大的潜力。

▲ 本土创新，成功在华扎根

中国的互联网市场非常大，因此不少海外的互联网巨头纷纷盯上了这块"肥肉"，并试图占领中国市场。谷歌入华，几番挣扎之后最终退出了中国搜索引擎市场；MSN 入华，短暂的红火之后迅速被 QQ 击败，在华市场表现同样不佳；亚马逊虽勉强站稳了脚跟，但如今销售业绩逐年下滑，也难抵挡住颓势……因此，不少人戏称中国是跨国互联网巨头的滑铁卢之地。

尽管不少互联网国际巨头都跌在了中国市场上，但雷德·霍夫曼没有半点却步。2014 年 2 月 24 日，LinkedIn 全新推出了简体中文测试版领英，与红杉中国和宽带资本建立合资公司，共同开展在华业务，并请到了原糯米网创始人沈博阳担任 LinkedIn 全球副总裁、中国区总裁。

2014 年 2 月 25 日，LinkedIn 简体中文测试版领英正式上线，这也标志着 LinkedIn 开启了攻占中国市场的序幕。那么多跨国互联网公司在华都遭遇了失败，这甚至已经成为一个难以打破的魔咒，在这样的大背景下，业内资深人士并不看好 LinkedIn 的入华发展战略。

"作为一个跨国互联网公司，在中国这个特殊的互联网竞争环境下，领英很难生根。"为什么同样的商业模式，在海外市场能够获得成功，而在中国却频频失败呢？在 LinkedIn 的中国区总裁沈博阳看来，其原因主要与中国互联网的三大特点有关：一是市场非常大，要想占领如此

巨大的市场难免会造成力量分散；二是中国互联网很独特，与英语国家的文化背景、思维习惯不同，使得海外的跨国公司很难准确地捕捉到用户的需求点；三是中国互联网的变化非常快，网民们还在玩微博，很快微博就被微信取代，成为网民们的新宠，跨国公司的层层汇报批准机制注定无法满足国人对新事物的需求速度。

LinkedIn 的创始人雷德·霍夫曼在接受媒体采访时曾公开表示："尽管很多硅谷公司折戟中国，但我们愿意在中国市场做一些不一样的尝试。"这也表明了领英在本土化创新方面的决心。

为了更好地适应中国市场，LinkedIn 做了非常多的创新尝试，比如与用户众多的微信合作，推出领英名片，支持与微信双向绑定，让广大用户能以最便捷的方式拓展职场人脉，等等。

在管理模式上，LinkedIn 并没有照搬硅谷那一套，而是采用了最适合本土化创新的创业公司组织结构，专门成立了合资控股公司。为了更好地激励团队做好本土化的创新工作，LinkedIn 实行了国内现下最流行的期权分配机制，组织结构方面也放弃了传统的跨国公司矩阵式管理，而是采用了创业公司的扁平化管理，所有的职能部门都直接向中国区总裁沈博阳汇报，而沈博阳则直接对接 LinkedIn 的 CEO，这样的组织形式可以充分减少工作汇报中的环节，大力提高决策效率，从而能够更灵活地调整发展策略和方向。

这些本土化的创新在入华的跨国公司中是绝无仅有的，也正是得益于这种彻底本土化的创新，领英成功在华站稳了脚跟。

从 2014 年 3 月 6 日正式开放注册，截止到 2015 年 1 月，在短短不到一年的时间里，领英的中国用户就突破了 800 万，移动端的浏览量增长了 138%，企业用户增长了 75%。这样的成绩足以证明，LinkedIn 在中国的本土化创新策略是非常有效的。

【创新启示】

在雷德·霍夫曼看来，只有创业公司，跑得才更快。所以 LinkedIn 从一开始就采取了与众不同的本土化创新策略，打破了海外其他市场的管理心态和创新思维，完全按照国内创业互联网公司的模式来搭建团队和组织结构，并在此基础上对原有产品进行特色重组。目前看来 LinkedIn 开创了一条全新的跨国公司在华发展路径，全面进行的本土化创新成功打破了海外互联网公司在华失败的魔咒，相信在这一举措下，领英最终会成为国内职业社交网络的领导者之一。

▲ 不砸钱，照样拥有海量用户

如今的互联网江湖是一个用户为王的时代，20 世纪初，互联网行业竞争者相对较少，因此各互联网公司获取用户的成本也相对低廉，但随着竞争越来越激烈，各大公司开始疯狂争抢客户，甚至不惜为此大笔砸钱，比如百度外卖、美团等 O2O 网站，为新用户提供满减或者一元吃汉堡等优惠，比如"滴滴"和"快的"两个打车软件，主动砸钱给用户补贴等，不知道从什么时候起，拼命砸钱拉用户成了很多互联网公司的必用策略。

但雷德·霍夫曼所创建的 LinkedIn 却是一个例外，谁说不砸钱就拉不到数量庞大的用户呢？在没有采用砸钱战略的情况下，经过短短 5 年的发展，LinkedIn 从营业额不足 1 亿美元飙升到了 30 亿美元，翻了足足 30 倍，这不得不说是一个了不起的成绩，除了砸钱这个最为立竿见影的措施外，LinkedIn 究竟是靠什么武器征服了市场、积累了如此多的用户呢？

2016 年 1 月 8 日，于浙江杭州举行的互联网＋金融大会上，曾任 LinkedIn 商业分析部高级总监的张溪梦道出了 LinkedIn 用户快速增长的秘密武器。 LinkedIn 是世界上最早使用数据技术驱动增长的公司，即时下非常流行的大数据，其实早在 2003 年，雷德·霍夫曼就开始带领团队，通过各种技术、产品和数据，来实现用户的增长。与砸钱抢用户的做法相比，显然数据驱动的方式成本更加低廉，且更具有持续性，砸钱即便再有效，也不可能成为一个互联网公司的常规机制，而数据驱动显然可以做到这一点。

数据驱动是一个很广泛的概念，自从二战后麦卡锡把它运用到了企业管理上，"数据"就开始逐渐成为一个商业领域的常见词，那么LinkedIn 究竟是怎样运用这一办法最终实现用户的大幅度增长的呢？

据张溪梦透露，在 SaaS 企业里，LinkedIn 是获取用户成本最低的公司。从 2010 年，张梦溪进入 LinkedIn 建立针对营收的商业分析团队，到 2015 年 5 月，专门进行商业数据分析的员工已经扩展到了近 90 人，数据分析的范围涵盖了销售、市场营销、产品、风控、客户服务、工程、各运营部门等，只要是和公司营收变现相关的，LinkedIn 都有专人进行数据分析。

在雷德·霍夫曼看来，数据是一个非常有价值的决策参考项。通过多方位的数据分析工作，LinkedIn 的管理人员能够清晰地知道，现有客户多少人，潜在可开发的客户有多少，客户都是由哪几类人构成的，可以更深入地了解用户的上网习惯，登陆 LinkedIn 的时长，以及哪些功能更受用户欢迎，哪些是用户不太喜欢使用的……这些信息将为决策者提供准确的决策参考。

拥有海量用户的 LinkedIn 是怎样把用户资源变现并实现盈利的呢？其实，LinkedIn 的盈利模式并不复杂，它是目前世界上第二大的 SaaS服务商，主要借助猎头服务以及向企业客户售卖人才简历来实现盈利。

据相关数据显示，LinkedIn 每年有将近 30 亿美元的营业额，仅付费的企业客户就超过了 10 万个，但销售人员加在一起还不足 5000 人，

高效率的管理模式主要得益于数据分析机制的建立。

销售人员不必天天外出跑客户，公司也不用在营销方面进行大规模的资金投入，只要正确地使用商业数据，并通过专业的数据分析，就能够实现发掘新客户、留住既有客户，让更多免费客户成为付费客户的最终销售目的。LinkedIn所采用的这种省时、省力、省成本的用户增长方式，远远要比简单粗暴的、不能持续推行的砸钱买用户的策略要高明许多。

【创新启示】

砸钱拉用户的做法，对于身处激烈竞争的互联网公司而言，无异于饮鸩止渴，根本不是长远的发展之道。LinkedIn所采用的数据驱动法非常值得借鉴，运用数据分析这一工具，可减少互联网公司盲目营销造成的人力浪费、资金浪费，且能够更精准地找到用户所在，大大降低获取用户的成本和难度。

▲ 创新要放低姿态、覆盖更多人群

千万不要以为创新都是非常高冷、小众、高端的，如果按照这样的认知去创新，你的产品或服务可能就会过于高大上，结局很难乐观。整个社会的人员阶层构成是呈一个金字塔形状，越往上人就越少，这也就意味着，如果创新的姿态很高，那么你的用户必然会相对更少，对于一个需要靠盈利来支撑的互联网公司来说，这并不是一件好事。

在 LinkedIn 联合创始人雷德·霍夫曼看来，要想拥有更多用户，覆盖更多的人群，创新时就必须要学会放低姿态。登录过 LinkedIn 英文版的人，对其页面风格的印象大多是高冷、精英等，这种设计风格和产品定位显然并不适合中国这个网民众多的大市场，为此 LinkedIn 专门推出了符合国人审美和使用习惯的手机 APP——赤兔。

2015 年 7 月 21 日，LinkedIn 的中国总裁沈博阳向外界介绍了这款名为赤兔的手机 APP。

在页面的设计上，赤兔采用的是时下年轻人当中非常流行的小清新风格。在栏目设置上，共分为四大部分：第一部分是主页，主要显示用户所关注的好友的动态，与 QQ 空间和微信朋友圈类似，这与中国网民的习惯非常贴合；第二部分是好友目录，即你所添加的职场人士目录，值得一提的是，除了自动推荐好友功能外，赤兔还设置了其他社交软件

所不具备的关系维度功能，即好友会根据关系维度进行分类，可以看到一度好友、二度好友等，尽管只是小功能，但却体现了 LinkedIn 在创新上的满满诚意；第三部分是社交软件中必不可少的聊天功能；第四部分是 LinkedIn 的点睛之笔，即非常有特色的发现栏目，在这个栏目中，用户可以发现事、发现群、发现人，而且还有对应的线下活动消息，未来赤兔会针对不同的用户群、不同的职业进行精准的线下活动推荐，这个极具创意的亮点势必会增加赤兔用户的活跃度。

LinkedIn 的全球化平台，语言为英语，因此只有母语是英语的人，或具有一定英语水平的人才能正常使用，才会选择使用 LinkedIn。对于整个中国市场而言，此类用户相对较少，如果不改变这一产品定位，那么 LinkedIn 在中国的发展便会堪忧。

在 LinkedIn 中国区总裁沈博阳看来，"中国职场存在限制的层级分化，拥有海外留学或工作经历、英语好、外企背景的人只占少数，而更加广泛的则是刚步入职场和处于职场上升期的 20-35 岁的年轻人。他们分布在中国的各线城市，对于工作、资讯、人脉和机会非常渴望，愿意结识陌生人，愿意从线上走到线下进行更真实和充分的沟通交流"。

LinkedIn 正是抓住了这一市场需求，放低了创新的姿态，把赤兔打造成了一个适合各职业层级人使用的职业社交软件，如此一来，LinkedIn 提供的服务将覆盖更多的普通人群。在一个更大的池子里捞鱼，自然比在小池子里捞鱼更容易，放低姿态的创新策略为 LinkedIn 的用户量提供了有效保证。

【创新启示】

企业创新不能一味追求高、精、尖，而是要和 LinkedIn 在华的发展战略一样，尽可能地接地气，尽可能地放低姿态，以便让产品或服务符合绝大多数人的使用需求，只有这样的创新才能创造更大的市场价值，才能获得海量规模的用户。

▲ 双品牌运营，创新与挑战同在

2015 年 6 月 23 日，一个完全独立于 LinkedIn 平台的职场社交 APP 赤兔安卓测试版成功上线，这意味着 LinkedIn 在华开始实行双品牌运营的发展策略。作为一家拥有 4 亿用户、24 种官方语言的上市公司在区域市场成立子品牌，这在 LinkedIn 还是首次，在互联网跨国公司中也实属罕见。

规模越大的公司，越重视对区域市场的控制权，为了避免造成公司资源分散，或区域高管另起炉灶侵吞公司资产，很多跨国公司都不会采取"双品牌"的运营办法。但 LinkedIn 的现任 CEO　Jeff Weiner 却接受了这种做法。赤兔是一个与 LinkedIn 完全不同的全新品牌，有自己的 logo 和页面设计，拥有独立的研发、测试和运营团队，且中国区总裁沈博阳对领英中国拥有绝对控制权，这是目前为止硅谷巨头在中国最大程度的放权。

谷歌、雅虎、eBay 等互联网巨头在进入中国市场后，均以碰壁折戟的结局而告终，LinkedIn 要想在中国这块广阔的市场上站住脚，就必须要汲取经验，找到一条崭新的入华发展之路，而双品牌运营无疑是一个很好的办法。

正如雷德·霍夫曼所说"只有创业公司，跑得才更快"，尽管赤兔这一新品牌会减弱 LinkedIn 在中国市场的影响力，但与此同时也有不少的优势。如今，LinkedIn 已经是一个拥有几千名员工的上市公司，体量大，管理审批机制复杂，对市场的反应能力也越来越迟钝，而赤兔则不同，这个崭新的品牌就好比一个轻快的小艇，不管是从领英品牌获取资金、数据等资源补给，还是面对市场风浪调转船头，都不会受到大企业病的困扰，这大大加强了领英中国的竞争力。

对于赤兔这一新品牌，是否会造成 LinkedIn 这一品牌在华的影响弱化，雷德·霍夫曼并没有太过担心，对赤兔的发展持鼎力支持的态度。他曾公开表示："以后在中国，更多的推广资源要放在赤兔，因为这是个成长性更高的产品。"

尽管 LinkedIn 的现任 CEO　Jeff，并不是很理解中文 APP 名称"赤兔"的真正意义，有人将其翻译成 red rabbit（红兔子）说给他听，但这并不能很好地诠释"赤兔"这一新品牌的意义，不过 Jeff 和雷德·霍夫曼一样，对领英中国持支持态度，而且并不是口头上的支持，是真金白银的支持，领英在中国产生的收入将全部投入在中国市场，这对于赤兔品牌的推广和建设具有非常重大的意义。

LinkedIn 的核心理念是"连接全球"，但这对于广大中国用户来说，似乎没有太大的吸引力，这就意味着赤兔如果要成为国内职业社交网络的领导者，就必须要建立独立于 LinkedIn 的经营理念，这可能会给 LinkedIn 的双品牌运营带来更多的麻烦。

在华市场推行双品牌的运营策略，是 LinkedIn 在管理上极具创造力的表现，正是这种类似"一国两制"的求同存异的发展理念，让 LinkedIn 打破了跨国互联网公司在华失败的魔咒，使得 LinkedIn 在中国的市场份额短时间内就获得了非常可观的增长。

【创新启示】

　　LinkedIn 的双品牌运营是互联网跨国公司中史无前例的创新，解决了全球市场与中国市场的文化差异问题，更好地顺应了中国用户的语言、习惯等，并为 LinkedIn 在中国市场的扎根打下了坚实的基础。但创新与挑战共存，风险与利润往往同在，领英中国在迎来快速发展的同时，还将面临更多的挑战。

第五章

任正非：思想上的创造才有价值

▲ 做出属于自己的特色

要想在高科技行业中生存下去，就必须创新，因为一旦停下前进的脚步，就会被市场洪流吞没，唯有时时创新，处处先人一步，才能赢得活下去的资格。尤其是像华为这样的技术密集型的通信企业，获得可持续发展动力的方法只有一个，那就是不断创新。

进入 21 世纪以来，社会的发展进程越来越快，通信技术的更新换代时间也越来越短，华为不创新就意味着慢性自杀。正如任正非本人所说："回顾华为的发展历程，我们体会到，没有创新，要在高科技行业中生存下去几乎是不可能的。"尽管这番话看似简单朴素，但却是任正非在二十多年的摸爬滚打中总结出来的实战经验。

在任正非看来，创新并不是高不可攀的潮流词，他所理解的创新简单而朴素，即做出属于自己的特色。

华为作为互联网行业的领军企业，在做事风格上却格外低调，两者形成了十分鲜明的对比。任正非一直致力于领导华为公司努力创新，并力图打造属于自己的特色，最终做到稳中求胜。尽管外界的质疑声连续不断，但华为却丝毫不受干扰，按照自己的步伐不断前进。他曾说："华为不因外界的评论、猜疑、质疑而改变自己，华为就是踏踏实实做好自己的事。"

那么，华为究竟是怎样在创新领域形成自身的特色呢？华为的特色

又都包含哪些内容呢？

　　首先，任正非给华为的定位是"要做技术性商人"。早在华为成立之初，任正非就看到了当时中国通信技术上的不足，因此把所有资金都投放到了技术研发上，并逐渐形成了属于华为内部的技术核心。但只有技术没有用户也是万万不行的，只有与市场结合起来的技术创新才是有价值的，只有基于用户需要的技术研发才是符合商业规律的，华为在经历了技术与市场脱节等各种艰难险阻之后，最终形成了技术与商业相结合的经营特色。这种以客户需求为根本的运营模式，基于市场的技术研发，也恰好印证了任正非所说的"做出属于自己特色"的这一战略目标。

　　其次，集中力量在关键领域进行创新。一个高新技术企业没有拿得出手的创新成果，必定无法在自身的行业站稳脚跟，更不用说扩大发展。作为一个全球性的大公司，华为必须要形成自己的特色产品，为此任正非确立了"集中力量攻关"的创新管理原则，在公司资金、人力等条件有限的情况下，在个别领域进行技术创新。

　　事实证明，任正非的这一做法是非常正确的，目前华为已经在无线接入、光传输、光接入、移动核心网等领域，凭借自己独特的优势，创造了多个"第一"。这些"第一"是华为不断创新的结果，尤其是无线接入的领域，华为凭借自己独特的优势，首创了 SingleRAN 解决方案，这个方案在一定程度上减少了用户无线接入的数量，提高了无线接入的质量，还能够主动对外界环境进行分析，可谓业界的创新典范。

　　最后，华为公司作为一个依托高科技而发家的企业，清楚地知道技术创新能给企业带来巨大红利，所以任正非十分注重技术上的创新。华为在技术上的投入占据了很大一部分，为了形成具有核心竞争力的技术，任正非常常会把企业利润所带来的资金投入到新技术的研发上。在如此的周而复始中，华为渐渐地就形成了具有自己特色的核心竞争技术。

在华为你可以看到一种奇怪的现象，公司 46% 的员工是研发人员，其实这也正是任正非所打造出的华为特色。正是靠着这些高质量的研发人员，华为在技术上的优势才能够得以保持。

此外，为了保持公司内部的创新活力，激发员工们的创新热情，任正非还专门制定了一系列的管理办法。比如对有突出创新业绩的员工，公司给予 3 万~20 万的奖金作为鼓励；比如帮助创新者进行专利方面的申请，以维护员工知识产权上的权益；比如制定全球人才培训计划，在全球范围内寻找具有创新精神的人才进行培训。任正非这种多方位的创新激励机制，充分保证了华为的良好人才资源和技术创新能力，并为其全球开发战略奠定了十分坚实的基础。

【创新启示】

　　企业创新很重要，做出属于自己的特色更为重要。所以企业要确定好目标，做好重点改革与创新。公司要在众多的行业中树立起鲜明的旗帜，做出的产品也要有自己的特色，这样才能不被激烈的社会竞争所淘汰。

▲ 要创新出能卖掉的东西，就得反幼稚

尽管今天的华为已经成为通信行业标杆式的存在，但在创新的道路上也并非一帆风顺。和很多公司一样，在技术创新方面，华为也曾经吃过大亏。

由于华为研发人员片面追求技术进步，结果导致技术研发严重脱离市场，这样的事情曾一度令任正非十分头疼。技术脱离市场的结果是非常可怕的。有些设计生产出来的产品需要花大力气维修，而维修成本远高于重新生产的成本；有些则由于买不到合适的配件而无法制成成品，导致很多产品变成了一文不值的废品……

创新并不是单单指技术上的突破、进步，更重要的是要创新出能卖掉的东西，要结合市场的实际情况去针对性地设计，而不是想当然地创新。

为了及时纠正华为在技术创新道路上的偏差，减少因幼稚创新给公司造成的浪费和损失，任正非专门就企业研发人员的创新态度问题，召开了一场由全体员工参加的反幼稚运动大会。在会上他再三强调，企业的创新必须始终以市场为导向，在技术上盲目创新和过度创新都是不可取的，技术并非越先进越好，其先进性必须以市场为导向，以消费者为目标，否则会导致产品的技术过剩，在市场上未必会获得最佳的经济效益。在会议结束前，任正非将所有作废的板材作为"奖金"全部发放给了那些导致失误的研发人员，要求他们摆在自家的客厅里，时刻提醒自己：因为研发、设计时的幼稚，导致公司遭受了多么大的损失。

任正非深知，要想让技术创新人员具备市场意识，光靠开会、说教是不管用的，必须要有相应的机制去帮助技术人员了解市场、认识市场，并对市场形成自己的技术判断、创新感应。

为此华为制订了这样一条硬性规则：每年研发部门必须安排5%的研发人员转做市场，同时有一定比例的市场人员转做研发。这种管理办法很好地避免了研发人员只追求技术创新而忽视了市场需求，并使得华为逐渐形成了一种以市场需求为导向的实用文化。事实上，华为大多数获得市场成功的产品，并不是凭借技术的先进性，而是依靠其受市场欢迎的程度，由此也不难看出任正非的智慧与高见。

华为在创新上栽过不少跟头。有些厂家的设备由于在设计中没有充分考虑到可扩充性，导致该设备成为"孤岛"，无法与后来的设备融合，无法更新，这样的设备除了报废，没有别的办法，这显然造成了大量浪费。在华为公司内部也一样，由于很多技术的研发平台都是一样的，如果各项技术的研发过程没有充分沟通，没有做到资源共享，就很容易造成资源浪费。

因此，任正非要求华为员工尽快建立起功能强大的资料共享平台，及时保存各种研发资料，更新各种信息。在技术研发中，要充分考虑该技术的可延续性和可扩充性，以免成为没有发展潜力的技术。

随着时间的推移，技术更新越来越快，对技术公司来说，贴近市场进行研发是必需的，但问题是技术进步得如此之快，以致市场化的步伐远远落在后面。如果一个技术不能转化成产品，也就只能由研发人员自

娱自乐了，而且即使转化成产品，也未必会被广泛采用，因为更新产品需要很高的成本。因此任正非在技术创新上一直提倡技术市场化、市场技术化，要求华为人在技术创新时一定要适应市场的变化。

在企业实际的经营发展中，最好的技术、最好的研发固然是其核心竞争力的表现，但缺乏市场基础的创新是非常幼稚的，是没有商业价值的，因为它很难转化为市场需求，产品投放市场后也难以得到消费者的认同。

高新技术企业要想在激烈的市场竞争中存活发展下去，就一定要创造出能卖掉的东西，否则只会导致巨额的研发和生产资金难以收回，势必会在很大程度上使企业遭受损失，甚至影响企业的品牌形象以及长远发展。因此建议企业在进行技术创新研发时，一定要注意以下事项：

首先，切忌盲目追求技术领先。即使在新产品开发至关重要的高科技行业，技术领先策略也未必是取得商业成功的唯一要素。相反，企业应该考虑的是如何最经济地确定、获取并整合某项技术，缩短产品开发周期，降低成本，以及提高可靠性和安全性。

其次，在成熟领域投入太大精力进行开发没有太大意义。一些企业经常会花费时间和精力用于维持曾经为本企业带来竞争力的基础性旧技术。事实上，竞争对手们大多已经拥有了这些技术，或者可以很容易从市场上获得该技术，这样，保持该项技术的领先地位实际上已经没有意义。

再者，企业应按因厂制宜、扬长避短的原则选择合适的技术和设备。我国自 20 世纪 80 年代以来的一些技术改造和引进设备的现象表明，有相当数量的企业在一定程度上存在着赶超情结，即只要资源条件允许，便倾向于采用最先进的技术和设备，意在缩短同国际先进水平的差距。但事实上，这样取得成功的企业并不多。企业想要成功，就要结合自身情况引进设备和技术。

很多企业会存在这样的认识误区：技术、设备越先进越好，生产出来的东西越领先越好，却不知这种误解很可能会使企业陷入泥沼无法自拔。创新要以市场需求为依托，技术和设备要为生产现状服务，脚踏实地才是企业创新最稳妥的选择。

【创新启示】

创新不能是盲目的，必须始终以市场为导向。在技术上，并不是越先进越好，如果这种先进性违背了市场导向，与消费者的消费目标、能力不相符，就会导致产品技术过剩，如此，非但起不到促进经济发展的效果，还会给企业发展带来困难。

▲ 具备忧患意识才能不断创新

任正非曾经有一篇很著名的文章《华为的冬天》，在文章中他用"一天不学习，赶不上爱立信"这样的描述来强调忧患意识的重要性。很多媒体称任正非是一个典型的悲观主义者，而华为的成功则被描述成一个悲观主义者带领 15 万悲观主义者的胜利。但不可否认的是，任正非的忧患意识燃起了 15 万员工的激情与创新精神，成为带动华为成功的一个关键因素。

清代著名小说家蒲松龄有一副很出名的对联，"有志者事竟成，破釜沉舟，百二秦关终属楚；苦心人天不负，卧薪尝胆，三千越甲可吞吴"，讲的是破釜沉舟和卧薪尝胆的故事。任正非在管理上，常常运用这句话来讲给员工们听，以此来激励员工们。

其实很多成功的企业家都具备这样的忧患意识。微软的创始人兼 CEO 比尔·盖茨曾经告诫自己的员工要树立起"永远要确保距离破产还有 18 个月"的危机感，海尔的首席执行官张瑞敏在阐述自己的创业经验时，用了"战战兢兢""如履薄冰"这样的词语来形容，正是由于企业管理者的这种忧患意识，才能够激化内部机制，不断地开发员工们的创新精神。

不仅如此，任正非还把企业忧患意识写入了企业规章制度之中。1998 年，华为公司出台了《华为基本法》，其中一条这样写道：为了保证华为能够成为世界上一流的设备供应商，我们将永不进入信息服务行业。通过无依赖地市场压力传递，使内部机制永远处于激活状态。

这项法规一出，华为公司上下一片哗然，很多人对任正非这种抵制进入信息服务业的做法表示异议，他们认为未来企业的发展趋势就是信息服务行业，进而可以更好地促进企业有形产品的发展，华为这样做无疑是一种自绝后路的行为。

可任正非并不这样想，他最终凭借着自己过人的才智与良好的口才说服了很多人。任正非说道："华为给自己的定位是一个设备供应商，而不是一个信息服务商。信息服务商较设备供应商来说，显得更加容易，自己的网站上销售自己的产品，这样做的好做的差都没有关系，企业便会慢慢地松懈起来。而如果仅仅是作为一个设备供应商，就必须要把产品质量做到最好、成本压到最低、服务做到最好，这三项是环环相扣、紧密相连的，其中任何一个方面出现问题，企业就无法继续前进，正是时刻保持着这样的忧患意识，企业才能始终保持战斗的状态，不断想方设法地去创新进步，以保证企业的稳步发展。"置之死地而后生，这是任正非所推崇的决策。

华为对员工忧患意识的培养并不是仅仅停留在口号、宣讲、发展方向的限定上，1996年的市场部集体辞职大会曾在行业内掀起轩然大波，尽管这一做法饱受争议，但确实深切地让华为人感觉到了什么是忧患意识，只要停止努力很快就会被企业淘汰，被这个时代丢进历史的尘埃。

1995年，华为在交换机上取得了巨大成就，并带来了巨大收益，这本是一件好事，但很多元老级员工在经历了大成功之后，渐渐失去了创新的活力与工作的激情，老员工的懈怠一方面让公司内部人浮于事，

另一方面给下属、新员工带来了非常严重的负面影响，一时之间，华为整个公司都陷入了低效率的泥潭。

没有忧患意识就会丧失创新能力，任正非对这一点的认识十分清醒。为了让华为人重新找回忧患意识，重新找回创新的动力，任正非决定对公司进行整顿。他的要求是公司所有的管理职位归零，所有的员工通过竞争上岗的形式重新构建企业的人事部门，有能力、有激情、可以担当大任的员工继续上，而那些没有能力、工作懈怠、不负责任的员工进行换岗或者撤退。此举十分有效地激发了员工的忧患意识，实现了人事的合理化竞争，从而有力推动了华为的再创新、再发展。

华为的此次整顿期限为一个月，在此项整顿之前，任正非特意做了演讲，他说："市场部领导的集体辞职行为，实际上是一种大无畏的行为，不管经过多少年，这件事情会一直在华为的历史上永放光辉。"

虽然这件事情饱受争议，尤其是直接裁掉了一些曾经英雄般的、做出过突出贡献的人，很多人对此都觉得愤愤不平。看似有些残忍，但是对于任正非来说，他的确是达到了强化全员忧患意识的效果。经过整顿之后的华为，再次焕发出了创新、进取的活力，并成功度过了企业管理的瓶颈期。

任正非似乎更像是一个有着强烈偏执狂的怪人，他希望华为能够通过不断改良的内部机制与内部忧患意识催化创新，从而使内部机制达到永远激活的效果。一个人或一个企业，没有忧患意识是不会前进、创新的。只有时刻保持忧患意识，华为才能不断前进。

【创新启示】

    对于一个企业来说，忧患意识很重要，它对企业的进步能起到很好的督促作用。破釜沉舟、卧薪尝胆，只有使企业处在毫不松懈的战斗状态，企业才能不断进步，不断创新、不断提升自己，才能在强者如云的竞争中占据属于自己的一席之地。

▲ 创新要站在巨人的肩膀上

在创新的要求上，任正非有着自己的独特见解，他鼓励员工站在前人的肩膀上进行创新，自主创新虽然有着很大的优势，但是无头绪地创新其实也是一种资源上的浪费行为。在借鉴前人的基础上进行局部创新，这样的思想在华为备受推崇。

与国外通信行业大亨们几十年甚至上百年的技术积累相比，华为无论是在工程设计方面还是在工程实现方面，都远远落后于国际水平，尽管经过 20 多年的艰苦奋斗，华为也确实在技术创新领域取得了一些成就，但在巨大的差距面前，这样的进步仍然显得微不足道，这就意味着华为在技术创新的道路上还有很长的路要走。华为在技术层面起步晚，基础力量薄弱，任正非正是基于这种现实条件确定了其"站在巨人肩膀上创新"的整体发展战略。

牛顿说："如果说我比别人看得更远些，那是因为我站在了巨人的肩膀上。"创新也是需要借鉴前人经验的，科学的道路就是这样不断发展起来的。不过踩上巨人肩膀上创新也并非一件容易之事，它同样需要我们付出智慧与汗水。

2004 年华为公司推向市场的一款 WCDMA 的分布式基站就是采用了这种"站在巨人肩膀上"的创新方式，并顺利赢得了广大用户的认可。

与传统基站相比，华为提供的这种分布式基站可以为运营商降低不少成本，据相关数据显示，使用该产品后，运营商每年的运行、运维费用包括场地租金、电费等可以节约30%。这也正是华为产品的核心竞争力之所在。

从技术层面来讲，WCDMA 的分布式基站没有革命性的技术，也没有国际高端一流的生产工艺，更不存在过多的技术含金量，只不过是在工程工艺上进行了细微改进。华为这种充分利用现有技术条件进行创新的举措，不仅赢得了广大客户的青睐和好评，而且大大降低了科技创新的成本，缩减了研发时间，从而有利于企业快速缩小与西方通信公司的技术差距。

不论寒冬还是暖夏，不管宽裕还是拮据，华为在技术研发上的投入始终都在销售收入的10%这条红线之上。尤其是最近几年，随着华为销售业绩的不断攀升，其科研投入也是水涨船高，到目前为止，华为从事技术创新工作的员工已经超过了25000名，创新资金的投入也达到了七八十亿的规模。有果必有因，这也从另一个层面彰显了任正非对创新的重视程度。

在外界人的眼里，华为是技术创新大企业，但实际上华为的技术创新更多的是依靠站在巨人的肩膀上。在任正非的眼中，过多的自主创新是一种浪费，创造专利的目的是为了更好地进入市场，而专利就像学历一样，仅仅只是一块敲门砖。在很大程度上，华为注重的是一种技术上的合作，比如前期跟清华大学进行合作，而清华大学的学生就在不知不觉间进入了华为的团队，团队技术合作似乎已经渐渐地成了华为公司的一种文化。

2000年华为还与IBM签订了合作协议，协议中指出，IBM为华为

提供路由器的芯片和更复杂的技术指导，IBM 这样做的目的是为了打开中国市场，但对于华为来说，也同样打开了欧洲市场，合作的最终结果是双赢。在 2001 年的时候，华为开始走出国门走向世界，在德国和西班牙电信商那里首次取得了订单。华为迅速地跻身于优秀设备供应商的行列，这一点的确是有目共睹。

在这之后，华为继续与世界上的优秀互联网公司进行合作，包括欧洲、拉丁美洲等地区。从华为的销售数据上来看，2005 年华为的海外收入第一次超过国内收入，占据了总体收入的 58% 左右。直到现在，对于华为来说，仍然有很大一批海外咨询师留在华为，继续作为华为的技术指导，华为也在继续拓展业务线。

2011 年华为接受了 IBM 的建议，开始拓展手机领域，并把手机领域的开发作为重点，着重加强手机业务品牌建设。从 2011 年的销售数据中我们可以明确看出，手机销售额占据了总销售额的 21% 左右，对于一个刚做手机的企业来说这的确是一个不小的份额了。

华为在不断地与别人的合作中前进与发展，他们主张站在巨人的肩膀上，技术很重要，但是合作更重要，合作帮助华为省了很多的时间与精力，成了促进其发展的燃油机。

任正非一直强调的是要尽量减少一些自主创新，尽量多去学习国外的先进技术和创意，多用购买或者合作的方式来达到技术的创新。任正非的这番话有自己的道理，中国的互联网行业起步比较晚，而国外早了十几年甚至几十年，在相关领域他们早已积攒了大量丰富的经验。如果再去创新从头研究，势必要花费大量的时间与精力，而所做的一切已是前人做好的成果，这真的是一种资源的浪费。

在华为，产品绝大部分都不是原创发明的，而是组合型创新。技术创新的最主要表现形式就是在世界的优秀成果上进行一些功能、特性上的改进或者是集成能力的提升。事实证明任正非这种"巨人头上拔高"的创新决策是十分明智的，它不仅为华为节约了大量的研发资金，也大大促进了华为在技术上的突飞猛进。

创新不能忽略企业的现实基础和现有的技术条件，撇开这些去天马行空地搞创新，无异于缘木求鱼，是难以取得任何成效的。唯有始终坚持站在巨人肩膀上，借鉴前人经验来搞创新，才能实事求是地、高效地做产品，创新才更具改变企业命运的价值。

【创新启示】

原创性、颠覆性的创新确实难能可贵，但脱离现有技术基础搞研发却不是明智之举。尤其是对于资金紧张的企业来说，盲目自傲的创新无异于自杀。唯有始终坚持以现有技术为基础，以市场为导向，让一切技术、一切创新都紧紧围绕市场、围绕客户进行倾斜，才能避免创新的盲目性，才能避免因主观创新所引发的灾难性后果。

▲ 高工资推动的创新

有人统计，早在 2007 年，华为员工年薪 15 万就已经是一件很容易的事情，这样的人数大概在 7000 人左右。年薪在 10 万元左右的大概在几百人，而剩下的绝大多数员工薪资绝对不会低于 5 万元。不得不说，高工资已经成了华为的一种特色。除了丰厚的工资外，很多员工还拥有公司股权，而这样的股权占有量竟然达到了 99%，而任正非本人仅持股1.42%。

在业界，华为的高工资是出了名的，很多老板都在想着怎样用更少的钱聘用到更好的人，而任正非却丝毫不吝啬地用高工资招揽人才。"在经济景气和公司鼎盛时期，华为向员工保证，在薪资问题上，华为的薪资一定会是同行业的最高水平。"这是任正非给全体员工做出的郑重承诺。

在任正非看来，人才是一个企业发展的源泉与动力。一个企业要发展，要创新，留住人才才是关键。留住人才的方式有很多种，华为则采用了最简单的方法，通过股权和高薪水、高福利来让人才留在华为，这些员工的物质条件得到了满足，自然就会把更好的精力投入到华为的创新与发展之中，这样周而复始便形成了一种良性循环。对于华为来说，失去了人才就犹如小鸟失去了双翼。华为能取得今天这样的成就，与优质的人才计划是密不可分的。

在任正非看来，企业与企业之间的竞争是产品的竞争，是技术的竞争，是创新力量、研发力量的竞争，但归根结底都是人才的竞争，谁能组建一流的人才队伍，谁就能够在创新领域取得更加丰硕的成果，就能够在激烈的市场竞争中赢得自己的一席之地。

为此，华为把人员招聘以及人员培训作为管理工作中的重点，任正非始终认为管理者不能用单项的支出观念去衡量人本管理，而应当将其作为企业发展的根基，唯有根基牢固了，企业才能枝繁叶茂。

在华为，只要你敢开口，高薪没有极限，推动创新的方式有很多种，但任正非却热衷于用高工资说话，因为他确信重赏之下必有勇夫。

华为在薪资方面已经比其他企业高出很多，而福利待遇上也是可观诱人。任正非在考虑员工的福利方面，切实地站在员工的位置上进行思考——员工需要什么、员工缺少什么、怎样才能让员工满意。

对于绝大多数管理者来说，薪资问题是一个十分敏感的话题，给员工发多少，怎么发，不同级别员工的薪酬怎么设计，如何借助薪资进行内部激烈，同行业的薪酬是什么水平……不过任正非从不排斥这一敏感话题，在他眼里创新是企业前进的动力，而推动创新的则是人才，所以华为对人才招聘上毫不吝啬。华为在对人才的争夺战中，打的便是高薪资、好福利的招牌。

在高工资和高福利的诱惑之下，很多优秀的人才涌向了华为，使得这个本来就人才多的地方变得更加人才济济。任正非在公开的讲话中曾十分坦诚地表示，华为能有今天这样的成就，能在创新上取得现有的成绩，跟人才众多是有着巨大关联的，没有这些人才，就没有今天的华为。

【创新启示】

很多人说华为用金钱囤积人才是一种浪费，但任正非不这样认为，没有人才的企业永远无法进步。所以，华为提供的是一种有竞争力的薪酬待遇，这一点在每年的大学生招聘会上显得颇具竞争力。一个良好的薪资待遇，加上自由的研发氛围，华为不愁招不到具有创新能力的人才。

▲ 脱掉"草鞋"换上"美国鞋"

随着中国经济的爆发式增长，越来越多的企业都加入到了学习西方管理经验的行列之中。在这场学习运动中，绝大部分人都主张要结合本土企业的特征和现实情况有选择地吸收西方先进的管理成果，但任正非却反其道而行之，提出了"削足适履"的管理新观念，这种与中国企业家主流思想背道而驰的新口号立马引起了人们的关注。

"削足适履"的典故出自于《淮南子·说林训》中的"譬犹削足而适履，杀头而便冠"，是指不根据实际情况而盲目套用的行为。这种做法看似违背客观规律，是极其愚蠢的，但任正非却赋予了它新的含义。

在华为最具特色的要数其具有中国特色的管理模式。由于任正非退役军官的特殊职位，所以在华为公司成立初期，他采用唱军歌等类似军事化的管理模式来管理华为。这是一个生在中国、长在中国的具有中国特色的公司管理模式，这样的管理模式在华为成立初期也确实起到了一定的正面效果。

但到了2000年左右，整个社会经济体系开始发生改变，固有的市场经济体系发展到了一定的瓶颈期。当时，任正非仍然坚持"中学为体，西学为用"的管理模式，试图以此来继续管理公司。但这样的模式已经出现了问题，再继续发展下去效果并不会好。具有前瞻性眼光的任正非此时看到了学习西方管理模式的必要性，但是又不知道从哪里下手。这

个时候的任正非是迷茫的，与此同时也是华为管理史上的混乱时期。

西方文化的基准是西方哲学，而中国文化的根基则是传统的儒家思想，要想把这两种文化良好结合是非常困难的。任正非似乎也看到了这一点，所以他加大了对西方文化的学习。比如开海外分公司、扩大过继人才的招聘与交流，不停地向西方先进的企业学习先进的经验与管理模式。这个时候的华为想走出属于自己的一条特色管理道路来，在任正非看来，这条道路必须要成功，最好能做到领先世界。

华为作为一个完全土生土长的中国企业，要做到像西方企业一样，首先要做到的便是脱掉传统的"中国鞋"，才能方便于穿上"德国鞋""美国鞋"。任正非直接套用式的制度改革遭到了数不清的质疑。这样的改革创新看似忽略了企业本身的情况和特点，但实际上则是一种实事求是、遵循客观规律的明智做法。

对于当年大多数中国企业来说，西方的管理经验毕竟是一个新鲜事物，绝大多数中国企业家连西方管理经验是"圆"还是"扁"都不清楚，连基本的了解都没有，怎么就能判定它究竟适不适合中国本土企业呢？

对于华为在管理模式上的创新，任正非曾这样讲道："我们引入美国 HAY 公司的薪酬和绩效管理的目的，就是因为我们看到沿用过去的办法，尽管眼前还活着，但是不能保证我们今后继续活下去。现在我们需要脱下草鞋，换上一双美国的鞋，但穿新鞋走老路照样不行。换鞋以后，我们要走的是世界上领先企业走过的路。这些企业已经活了很长时间，它们走过的路被证明是一条企业生存之路，这就是我们先僵化和机械引入 HAY 系统的唯一理由。换句话讲，因为我们要活下去。"

为了更顺利地穿上这双"美国鞋"，华为专门号召公司高级经理进行了一场放弃自己的管理模式而学习其他公司管理模式的行动。

任正非安排这次行动的目标，主要是着重培养管理人的三种能力：第一种被称为"最重要的高级管理能力"，主要包括领导能力、创造力、对全球问题思考的能力以及前瞻性等个人能力；第二类则被称为"十分重要的能力"，主要包括敏锐的判断能力、执行能力、调和能力等；第三类能力被称为"重要能力"，主要包括带动员工、分配工作与执行上级目标的能力。

为了确保学习效果和良性循环，在学习中不断总结经验与教训，华为采用了行动－反思－评估－再行动的方法。评估主要分为三个阶段：第一阶段是在管理人们学习的期间，第二阶段是在学习课程结束之后，第三阶段是在企业学习完此课程一年之后再次进行评估，以此来看新管理模式的学习成果如何。

经过此次学习，华为公司取得了很好的成果，摆脱了原来传统的"草鞋"，换上了西方的"美国鞋""德国鞋"，整个管理模式发生了巨大的改变。由于任正非在管理模式上的坚持创新，华为终于从一个国内普通企业一跃成为全球互联网行业的佼佼者。

【创新启示】

企业发展到一定程度，就需要进行改革创新，抛弃原来旧的管理模式，引进新的管理模式，从而形成自己的全新管理模式，然后再学习、再创新、再打破，只有这样才能形成一个良性循环，企业才能保持创新活力，并不断进步。

第六章

雷军：创新就是做别人没做成的事

▲ 创新是为了更好地迎合人心

现在人讲求精致、时尚，讲求良好的视觉效果，正如雷军所说，只有漂亮的东西才能够得到传播，才能有所发展。因此，小米格外讲求迎合人心，消费者讲求视觉效果，那小米就在外观上下大工夫。

现在很多企业不注重细节，而雷军十分清醒地认识到了这一点，在他看来仅有技术创新是远远不够的，在外观上也要进行创新，只有这样才能更好地迎合广大消费者的喜好，进而赢得更加广阔的市场。

就拿小米盒子来说，无论是从包装、设计、UI 界面还是遥控器的设计，都花费了设计师巨大的心血。他们运用美学效应，尽可能地满足现代人的时尚眼光。此外小米开机的画面图片也是经过了层层删选，而且是雷军亲自上阵，从 100 张小米购买的壁纸当中精心挑选出一张，而那 100 张壁纸又是从成千上万张中挑选出来的。对于挑选开机画面，雷军有自己的独特心得，在他看来，有时候精挑细选也不重要，重要的是凭感觉，一眼便觉得对了。

21 世纪的创新绝不仅仅是单纯地拼技术、拼实力，而是要更好地迎合消费者的内心，否则很难在激烈的市场竞争中占据优势地位。除了在小米的外观设计上不顾工本、用尽心机，雷军在其他细节上的创新也是可圈可点。

小米曾做过一项调查：米粉们最满意小米的哪一点？有用户回答说，

最满意小米的便是系统的更新升级快，上个月使用小米的时候手机出现了几个小问题，而到这个月的时候，系统一更新换代，那些小问题便随之消失了。小米在软件系统上的更新速度很快，这个小小的创新很好地满足了客户的需求。人们之前购买的很多非智能电子产品，从购买的那一刻，便注定了整个系统是不会改变的，用它一辈子，一辈子都会是这样的状态。但在如今这个数码时代，手机的系统更新速度极快，如果跟传统手机一样不能及时更新，那么消费者很快就会发现有太多的软件不能用，甚至直接抱怨自己花钱买了个废物。

雷军很清楚地看到了这一点，因此在系统的更新速度上力图做到最好。不过，要做到系统的每周更新其实有很大难度，按一周六天来算，两天收集客户的信息，三天修改漏洞，最后一天发布升级系统，从时间上来说，是非常紧张的。雷军想到这些，便联想到了 PC 机，PC 机可以定时更新，而手机为什么不可以呢？在思考了这一系列的问题之后，做成 PC 机一样的手机，便又成了小米的另一个创意点。

现代社会手机更新速度实在是太快了，作为一个资深的手机发烧友，花大价钱去买一块手机，结果没几个月之后，手机大幅度掉价，这会让消费者产生一种上当受骗的感觉。人们为什么喜欢购买苹果，因为苹果在短时间内不可能出现这种情况，使得人们在心理上得到了满足。小米在一定程度上也满足了消费者心理上的保值要求，例如 1999 元的价格，定时的销售，这种饥饿式的创新营销方法不仅让小米名声大噪，而且还恰到好处地满足了消费者的保值心理，可谓一举两得。

在手机行业日益萧条，苹果手机风靡全球的大背景下，小米能够依靠自己的独特优势杀出一条血路来，成功创造出三轮短暂销售就超上百万台的业绩，这不得不说是一种奇迹。小米能做到如此成功，创始人雷军将其归结为小米在创新上能够更好地迎合人心。

创新的根本目的是为了满足用户需求、迎合消费者，这样人们才会去购买，产品才会有价值，所以企业在创新的时候，一定要看清消费者的购买需求点在哪里，多考虑自己生产的产品是否有值得购买的价值，多思考自身的创新是否迎合了人心，只有像小米一样，把创新用在满足用户需求的刀刃上，才会实现价值最大化，公司所进行的创新投入才能得到丰厚的回报。

【创新启示】

千万不要盲目创新，企业要想依靠创新赢得市场，就必须要站在消费者的位置上思考问题，多看前人制造的产品，多进行市场调查，先摸准用户的内心需求，再去迎合人心，在正确的方向上进行创新，只有这样，生产出的商品才会更有价值。小米正是看到了这一点，始终坚持"迎合人心"的创新原则，才最终突出重围，成为手机领域中的一个成功典范。

▲ 前所未有的粉丝效应

在每次小米发售会上，都能看到这样一幕：发布会上人山人海，场面火爆粉丝尖叫，跟明星见面会毫无差异，雷军就在粉丝的尖叫声中，站在发布会的现场，如同闪耀的明星，可以说，雷军把粉丝效应运用得极好。

说起粉丝效应，我们想到的往往是明星或者领袖。他们能够在广大民众中间起到振臂一呼的作用，所以很多产品会请明星来代言。在互联网领域，通过粉丝效应来搞宣传营销并不是什么新鲜事，不过纵观整个手机行业，粉丝效应运用得最好的便是雷军，他在吸引粉丝方面有着非常独特的招数。

同样是手机，不管是国产的华为还是国外的三星，谁都没能像小米那样，一经发售便被瞬间抢先，那么，雷军究竟是怎样把粉丝效应拿捏得如此恰到好处呢？

首先，小米公司在成立之初就想好了小米用户的定位。就像是某些明星特定的粉丝，小米打着"手机发烧友"的口号大肆宣讲用户体验，从而建立起了一个属于自己的用户王国。这个用户量跟社会统计学无关，跟品味无关，而真正有关的则是他们是不是铁杆的粉丝。在雷军的世界里，用户是可以消退的，而粉丝不会。雷军在试图建立一个类似以信仰为基准的"王国"。在这一点上，小米是成功的。它建立起了自己的铁杆粉丝群，并让这些粉丝们为之摇旗呐喊，并心甘情愿地做好宣传，从而形成了一种品牌效应。

其次，小米在社区的搭建上也是别出心裁。企业都希望在第一时间获取用户资料，但在现实中却往往有些事与愿违，因为信息常常带有滞后性，这就导致了企业完善产品的进度。为了更好地避免这个问题，小米建立了自己的社区，并引导米粉们不断交流。我们都知道，初期小米的系统更新速度极快，基本上保持着一周一更新的速度。在很大程度上这些更新的想法都来自社区的吐槽点。设计师们的灵感很大程度上都来自于强大的小米社区，比如小米公司设计的 MIUI 操作系统，就是成千上万的米粉与设计师们共同创造的结果。

再者，人人都有好奇心，雷军把人们的这种好奇心创造性地融入了营销当中。小米花费一年的时间只做一款产品，并且采用限时抢购的模式进行营销，这在一定程度上加深了消费者对小米的精品意识，同时也加强了产品本身的聚光灯效应，消费者的眼光完全被吸引过来，而限时抢购又制造出了一种稀缺感，勾起了消费者的好奇心和购买欲。其实对于消费者来说，有时候距离感反而更让人觉得有吸引力。

最后，能够融入到生活中的宣传才可能产生高效率。在雷军看来，宣传也要讲求创新点，一个没有故事的品牌注定是走不远的，一个缺少生活气息的产品是难以迅速被广大民众接受的。正是因为看到了这一点，所以小米采取了制造噱头、故事的宣传方法，就像明星炒作绯闻一样，把雷军刻画成中国的乔布斯，推出了卡通形象米兔……这些爆炸点很快就成为可供人们谈论的噱头，小米也在人们街头巷尾的议论中变得越来越有名。

很多人对粉丝经济的认识就是想办法赚粉丝的钱，但雷军却并不这样认为，从小米 1 到现在的小米 5，大多数机型一直保持着 1999 元的

市场价格,而小米公司的新产品小米智能电视也不过 2999 元的标价,这一度让同行业的厂家有些目瞪口呆。小米如此高的成本,却售价极低,不得不让人去思考小米的利润来源何处。

在雷军看来,21 世纪是一个体验经济的时代,要想像最初那种靠暴利而发家致富的道路已经走不通了,唯有革新思想,注重用户体验,用体验来带动用户的自然增长,当用户增长起来了,何愁没有利润可赚?小米用前所未有的粉丝效应改变了人们的购买方式,从最初的被动购买到消费者主动购买,这个消费观念被小米运用得游刃有余,不得不说这与雷军在粉丝营销上的创新有着非常大的关联。

粉丝是狂热的偶像崇拜者,在粉丝对偶像的狂热追逐投入中,往往伴随一系列同样狂热的消费行为,这种行为甚至会扩展到各个经济领域,形成一个新兴的巨大产业——粉丝产业。随着众多选秀以及诸如小米等现代营销活动的刺激和推动,粉丝产业必将会愈来愈壮大。广大互联网公司要善于像雷军一样,巧妙运用粉丝效应,学会在产品的宣传营销上出新点子,只有这样才能事半功倍。

【创新启示】

当今社会,消费者的需求已经发生了根本改变,如果仍旧按照原来套路,不从观念上进行创新,迟早会被其他企业所超越。在互联网时代,消费者也是生产者,只有消费者真正地参与进来,甚至参与到生产过程中,这个产品才会做得更有价值。让消费者从用户变成忠实的粉丝,并为产品摇旗呐喊,进而形成一股时尚热潮,雷军能做到这一点,理当成为互联网企业的典范。

▲ 打造独特的商业模式

企业要想在竞争中占据一定的有利地位，选择一个独特的商业模式是非常关键的。近几年，智能手机行业异军突起，并逐渐改变了人们的生活方式，一时之间，很多国产手机制造商纷纷开始制作属于自己品牌的智能手机，甚至连电器生产商海尔等企业也开始涉足智能手机行业。手机制造商很多，但像小米做得这样成功的企业却不多，仅仅两年的时间，小米便在国产手机中占据了强有力的地位，这究竟是为什么呢？

小米的成功很大程度上归功于其新型商业模式的成功，从横空出世到 50 万发烧友，雷军带领小米所取得的成绩令其他企业难以望其项背。

从生产模式上来说，小米打破了固有的生产模式。传统的生产销售模式是用低端机型来占取一定的市场份额，用中高端机器来谋取利润，这是整个市场中最传统的模式。与之相配套的生产销售模式便是高配置加高价格，中配置加中价格，低配置加低价格。而小米则反其道而行之，打破了这种固有的生产销售模式，创造性地采取了高配置加低价格的配置方式。事实证明，这种生产销售模式上的创新，确实给整个智能手机市场带来了强烈的冲击，小米也因此而一炮打响。

有不少网友将雷军的小米戏称为期货公司，小米的商业模式中可以看到"期货"的影子。比如，一些厂商生产智能手机，都是为了通过销售赚取一定的利润，可雷军却反其道而行之，他把价格压到最低而品质

却尽量做到最好，小米的侧重点不在硬件盈利上，作为一个品牌，小米除了生产销售手机，还有着自己的手机操作系统。在雷军看来，手机销售只是商业模式的一个起点，而不是终点，只要树立了良好的口碑，背后则有更大的隐藏市场可以挖掘。雷军看中的不是小米手机的销售，而是品牌背后的市场。

只要口碑做得好，不愁没有钱赚。Google 做免费的 Android 系统走的也是这条路子。互联网的快速发展淡化了商业上的时间与空间，原有的商业模式在互联网经济的冲击下正在慢慢瓦解，如果不能迅速适应市场环境，找到新的商业模式，必然会陷入困境。值得庆幸的是，雷军凭借自己敏锐的商业嗅觉，开创出了小米这种期货式的新型商业模式。

"小米在初期的时候可能不赚钱"，关于这一点，雷军早都预测到了。根据摩尔定律来看，手机芯片经过一个季度的销售之后，必然会出现降价的趋势。雷军知道摩尔定律的趋势，确定芯片必然会降价，所以小米到了后期，就能开始微薄盈利了。

像小米这样之前没有做过产品的企业，要想在竞争上超过别人，必须要想一个好的商业模式。小米在硬件上并不赚钱，而是以软硬件一体的生产模式进行销售。

小米本身就是一个手机行业与互联网行业结合的产物，将安卓系统发挥到了极致。很多开发安卓系统的企业不销售手机，而很多销售手机的企业又不如小米会做系统，总而言之，小米有着绝对安全的地位，这个位置正好介于手机厂商和软件系统厂商之间。就算是其他公司看到了小米的商业模式，想复制这种成功经验也是不太可能的，因为在重新研究开发的这段时间，就早已被小米狠狠地抛在身后了。

此外，小米手机在销售模式上摒弃了传统的开设直营店的模式，而是创造性地直接采取电商的模式进行网络抢购。这种销售模式省掉了中间市场营销的环节，这一环节减少之后，又多出了一笔竞争资金。小米在手机物流方面，直接借助凡客诚品的物流，这样就节省了运费、仓库费、安保费等一系列成本，节省了一大笔资金。这种极具优势的新型销售模式，让小米一举超过了其他同行，成为国产智能手机中的佼佼者。

可是，其他安卓厂商同样也在生产优化安卓设备，为什么他们竞争不过小米呢？这就是小米软件系统上的竞争优势了。小米的安卓系统跟其他厂商之间差异并不是很大，其竞争优势在于独一无二的软件整合能力。

小米的安卓系统具备米聊、拉卡拉、凡客诚品等一系列其他安卓系统不具备的软件，单一地来看，并没有什么独特的优势，但如果把这些软件联合在一起来看，小米就成了一个强大的互联网中转站，就如同一个强大的互联网帝国入口。而价格低廉、效率极高、整合能力极强、双向推动等能力是其他手机所不具备的，这也正是雷军的高明之处。

创新就是要打造独特的商业模式，模式够先进，企业的发展才能快速而稳定，倘若商业模式落后，则很难逃脱走向颓势的命运。不管是电商直销，还是软硬件捆绑，都是小米商业模式的特色之一，也正是因为雷军在商业模式上的诸多创意，小米才得以黑马般地在智能手机行业迅速站稳脚跟。

高新技术企业要想在行业内崭露头角，光有技术创新是远远不够的，还要有大格局、全局眼光，懂得从商业模式上进行创新布局，只有这样，才可能像小米一样创造国产智能手机行业的奇迹。

【创新启示】

　　商业模式的好坏直接关系着一家企业的生死存亡，随着社会的发展，陈旧的商业模式必然会逐渐丧失活力和竞争力，因此企业一定要注重商业模式的改革和创新，不能一味地按照传统的模式去做，否则很难盈利。有时候换个想法、换个思路，就能重新搭建一个适合自己的新模式，像小米一样在激烈的竞争中找到最适合自己的安全之地。

▲ 接着做别人没做好的事情

在互联网行业，每天都有无数人在喊着创新的口号，但真正去做创新，尤其是自主创新的人并没有那么多，因为创新很可能是失败，自主创新的失败风险就更高了，并不是每个人都能承担创新的风险以及遭受失败的压力。在当今这个社会，人们很难宽容失败者，很难为失败者鼓掌，这就导致了很多企业不敢创新。

"所谓的创新就是做别人没做过的事或者做别人没做成的事。"作为小米的创始人，雷军对创新的认识非常接地气。

其实小米电网销售的模式并不是自己独创的，而是借鉴了 Google 之前的经验。Google 曾试图在网上直接发售 Nexus One，但是最终的结局却以失败而告终。Google 虽然失败了，但小米却很擅长学习别人，雷军接过了 Google 的大旗，继续开发电网销售的模式，在 Google 的基础上进行改良创新，没有像 Google 那样完全把设计的事情交给 HTC、三星等其他品牌，而是独立地扛起科技研发的大旗，把 ID 制作这种小事情外包给摩托罗拉公司，自己独立研发、独立设计，结果成功创立了小米的品牌。雷军把 Google 没做好的事情继续做了下去，于是便有了一炮而红的小米电商直销模式。

在品牌营销上，小米则学起了乔布斯的苹果。让粉丝参与到设计中来，每周一次的软件免费更新，小米已经学会了如何来打响自己的品牌

而非简单的竞争手段。有人说，小米用一周的时间就学会了苹果一年的营销模式，依靠自己强大的粉丝群体和低价的竞争优势，就可以和乔布斯的苹果进行竞争。有人预测，小米接下来瞄准的将是整个东南亚市场。

不过正是因为小米都是"接着做别人没做好的事"，所以被推到了"无创新"的风口浪尖上。对此，雷军曾这样说道："在创新上，大家的理解是有偏差的。很多人认为只有巨大的颠覆才叫创新，可是，我们不能因此而忽略那些微创新所带来的变革。"雷军的发言中有着为小米鸣不平的意思。人们总是关心着那些巨大的创新，那些石破天惊的新鲜事物，其实一点一滴的改变也可以改变这个世界，就如小米一般，用互联网的方式来经营手机，改变了原来直营店的购买方式，谁又能说这不是一种创新呢？

关于雷军，很多人都有着不同的看法。他入过卓越，走遍"金山"，而如今一变，在年过四十之际第二次创业，这不得不说是一件有意思的事情。其实雷军的再次创业，也是在延续之前自己没有做好的事情。

他改变了原有的直营店销售模式，加入电网的模式，手机的预定只能采取网上抢购的方式。在价格销售上面，小米尽量把价格压到最低、品质做到最好，1999 元的官方定价让很多人眼睛一亮。在安卓的基础上，创造了每周一更新的系统 MIUI。在软件的开发上，小米把独创的聊天软件米聊作为核心产品进行推广……这一切，都让小米取得了非凡的成绩。

虽然雷军被冠以"中国乔布斯"的帽子，但是很多人仍然对小米争议不断。不管外界怎样评价，雷军依然带领小米认真地在做着别人没有做好的事情，在他看来，这就是一种创新。事实证明小米的业绩确实在飞速增长。

创新是一件需要很大勇气的事情，要想做成功，就要在不断的实践中继续改良创新，雷军是这样说的，也是这样做的。颠覆世界的创新很重要，但继续在别人创新失败的基础上再创新也不失为一种捷径。

【创新启示】

企业创新要顶着巨大的压力，还要承受可能遭遇失败的经济风险。一个企业要想在激烈的竞争中生存下去，就势必要考虑创新成本，而雷军"接着做别人没做好的事"的这种创新方法给我们提供了一种新的思路，如果没实力进行自主创新，那么为什么不总结他人的失败经验，在前人的基础之上进行改良呢？尤其是对于那些资金、实力比较弱的中小型科技企业，是一条很好的通往成功的捷径。

▲ 挖聪明人共事

只有优秀的团队才能做出优秀的产品，这是雷军的观念，也是小米的用人观与产品观。一个优秀的员工可以起到一定的带动作用，进而把整个团队的积极性与工作效率都带动起来，如果每个进入小米的人都是具有执行力、战斗力、充满热情的聪明人，那么又何愁做不好产品呢？

雷军喜欢挖聪明人共事，这也是小米一贯的管理作风。小米手机仅2012年销量就达到了719万台，实现营收126.5亿元，纳税19亿元。透过这组数据，我们可以看到小米取得的巨大成功，除营销模式、粉丝效应等原因外，小米的团队也是功不可没。

雷军自己曾说过"一年里是用80%的时间来寻找对的人"，这并非是一句虚言。在小米成立之前，雷军花费了大概半年多的时间用来寻找合适的创业伙伴，每个创业伙伴都是管理过几百人以上的且是技术出身的牛人，平均年龄在40岁左右，再加上几个人的创业理念一致，所以一拍即合，每个人身上都是满满的创业热情。这几个人中有本土的技术牛人，也有拥有海龟背景的牛人，雷军把他们戏称为"土洋结合"。

小米公司创业初期，前100名员工都是雷军亲自面试的，在雷军看来，进入小米的都必须是聪明的人，而且必须是能够真正俯下身子真真正正做事情的人。所以雷军不管是在创业期还是发展期，对员工的挑选都极为谨慎。一个企业，如果员工的价值观跟企业的价值观不相符，那么是很难共融的。雷军对这一点有非常深刻的认识，因此一旦遇到极其优秀的合适的人才，他都会极力争取。

雷军曾遇到过一个技术好、十分有资历的硬件工程设计师，在得知他有辞职的意向之后，雷军主动打电话邀请他来公司进行交流。在小米创业的初期，要想招募一个有实力的硬件工程师是十分困难的，所以雷军选择游说的方法。起初这个硬件设计师关于重新创业是极其没有信心的，于是雷军就和几个设计师连续 12 小时游说，终于用创业热情打动了他，让他心甘情愿地加入了小米。

小米不仅善于招揽人才，在留住人才方面也下了不少力气。在团队利益上，小米有着集体分享的透明化制度。雷军在经营理念上一直坚持员工利润均沾，有利益的时候大家一起共享。创业初期更是采用了员工共同持股的方式，当时小米的 56 个员工，以每人自掏腰包的方式进行股份投资，这就充分保证了员工的利润均沾。

雷军在对待人才方面从不吝啬，关于小米全员的薪酬主要采取了三个措施。第一个是采用涨薪的方式，根据每个员工的表现，员工的薪水每年都会有一定的涨幅；第二个是关于股权问题，每年企业的股权会进行一部分回购，这就使得员工的股权存在一定的发展空间；第三是从工作中获得的满足感与成就感，小米有着数以万计的米粉，而作为小米的设计师自然在米粉中也有着极高的地位。当他们设计出某种比较牛的软件时，就会得到米粉们的无限夸赞，得到足够的成就感、充实感与满足感。

最让人意外的是，在小米公司不存在打卡制度和行业所谓的 KPI 考核。作为一个拥有 2500 多人的公司，没有考核不打卡，这的确是极其

罕见的。雷军认为，建立一套晋升制度，员工们的价值观会受到影响，员工们会单纯地为了绩效考核和晋升而努力。这在一定程度上是一种对价值观的扭曲，员工无法真正地静下心来做事情。

小米在企业组织结构上没有复杂的晋升机制。小米全部的员工分为7个部门，这7个部门分别由7个创始人领导，分别负责营销、管理、电商、研发等部门，在小米不会让任何一个团队的人数过大，当人达到一定的数量时，就会拆分成其他的部门。所以，在小米，员工可以不用思考怎样讨好老板，只要一门心思地做好自己的工作就可以了，这也是小米的另一大特色。

雷军这种极具创意的管理方式使得小米内部形成了一种主动、积极的工作氛围。在小米，可以经常看到这样的现象：软件工程师们在写完代码之后，常常会有其他的工程师来帮忙检查，看是否有错误出现；即使某个工程师手头上还有一些活儿要处理，但也会先放下自己手中的工作来帮助同事检查代码。这都是极其普通的事情，却体现了小米员工的价值观，那就是做任何事情的根本目的都是为了对用户负责。

一个成功的管理体制必然不是僵化的，尤其是对于互联网企业，谁的管理机制僵化，谁就会丧失企业的创新活力，雷军显然看到了这一点，所以这些年来一直坚持着不打卡、无 KPI 考核的制度，正是这种创新型的制度和全员为用户负责的信念，让小米的团队无坚不摧，越来越好。

【创新启示】

一个企业要想取得成功，离不开一个良好的团队。所以，就一个企业来说，怎样构建一个良好的团队尤其重要。很多时候，很多企业在绩效管理、KPI 或者其他问题上大费脑筋。为了管理好自己的团队，制定各种各样的条条框框，其实做这么多，不如好好地培养下员工的责任感与使命感，让员工树立正确的价值观。明确自己这么做的目的是什么，为什么要这样做，比更多的条条框框要来得实在。

▲ 打造属于小米的营销板斧

时过两年，2012 年小米手机青春版上市却依然是互联网行业的一个热门话题。在青春版上市的前一个月，小米青春版便开始预热发售，同时各种宣传尾随而来。小米青春版的发布会模仿了乔布斯苹果的发售会，在手机展示完毕之后，最让人难忘的便是小米青春版的微视频部分。

当时，雷军和 6 个合伙人模仿最流行的电影《那些年我们追过的女孩》拍了一系列的照片，还录了一段微视频。画面上七个老男人集体卖萌的场景制造了很好的噱头，一下子提高了小米青春版的时尚度。在小米营销中最屡试不爽的招式，便是转发微博送小米手机，小米青春版粉丝一下子涨了 41 万。对于接下来的商业宣传运转，可以说是节省了不少的时间与精力。

小米做到今天这个程度，与其良好的营销模式是分不开的。不过令人惊奇的是，小米在宣传方式上的预算竟然是零。在没有相应资金支持的情况下，雷军究竟是怎样把小米宣传到千家万户的呢？

2011 年，雷军将小米的市场营销工作交给了黎万强，黎万强想了很久，做了一个 5000 万预算的市场营销方案。拿到营销方案后，雷军一下子就给拍死了，"当初你做金山市场营销的时候，没有花一分钱，现在能不能同样以不花钱的方式做好小米手机的营销"。黎万强听到这些，只能采取互联网营销的方式来做手机，而最省钱、宣传力度最大的方式便是通过论坛来打造小米的口碑。

用互联网来打造口碑，最重要的是要有足够的用户支持。所以在MIUI 系统设计初期，为了让人们了解到小米这个产品，黎万强带着他的团队整天在几个安卓大论坛里面发帖宣传，经过一段时间之后，黎万强终于发展了 1000 名左右的用户，然后又在这 1000 名支持者中精挑细选了 100 个直接参与到 MIUI 系统的操作中来。这 100 个用户直接参与了 MIUI 系统的研发设计、体验、使用以及后面的用户信息反馈。这基本上就是小米强大粉丝的源头，现在我们登录到小米的 MIUI 论坛可以看到，用户的数量由原来的 1000 名发展为 1700 万。

如果你觉得小米论坛和其他技术论坛没有什么差别，那就大错特错了。小米论坛已经发展成了强大的线下同城活动。这个同城活动是安排用户与工程师进行直接交流，这样的交流类似于明星粉丝的见面会，或者简单点来说，更像是一个茶话会。基本上两周左右的时间举行一次，举行的地点是依据论坛上用户地区粉丝数量来进行划分。

小米在宣传方式上的预算为零，这就决定了小米必须选择大众化的媒体营销方式。而小米宣传的时机其实也是恰到好处的，从 2011 年开始，微博出现宣传大爆炸的现象，而小米顺势抓紧了这个宣传工具，快速把自己的品牌优势建立了起来。

从宣传方式上看，小米的市场宣传渠道基本上摒弃了电视、报纸等传统媒体，而采取论坛、微博、微信等新的传媒方式，随着用户的增多，小米逐渐形成了具有小米特色的营销板斧。

小米非常善于运用粉丝力量。在小米，一切都是为了客户服务，无论是从设计、产品还是小到微博的回复，都一直秉持着这个理念。黎万

强说，只要用心维护好这 100 万粉丝，给他们与设计师对话的机会，甚至以一线同事的态度来对待他们，自然就会得到他们的尊重与信任。米粉们是小米最坚实的后盾，如果他们提出的意见不被采纳或者被完全忽视，久而久之米粉们便不会再支持了。

对于对小米有意见的用户，小米赋予客服人员自行判断、简单赔偿的权利，客服人员可以选择在发货的时候，馈赠一些手机贴膜或者是其他配件来安抚用户的不满情绪。从小米的销售数据来看，第二次、第三次购买的客户就占到了 40% 左右。

此外，在小米的粉丝金字塔顶端，还有一个神秘的小米最高荣誉讨论组，该组的用户全是小米粉丝中最高级别的，享有参与设计、优先使用的权利，他们可以在论坛里发一些使用心得，当然也可以是一些不满意的地方。

小米还有一个专门的客服平台，用来为客户服务。就连雷军本人，无论多忙都要抽出一小时的时间来回复粉丝的微博内容，不仅雷军本人，所有的设计师都是如此。每天至少回复 150 条粉丝的留言，在米粉们看来，自己对小米的意见能够得到设计师本人的回复是一件特别自豪的事情。在这方面小米做得特别好，无论是从服务还是理解客户的心理上，都为好的营销打下了坚实的基础。

【创新启示】

一个企业要想成功，树立良好的品牌效应很重要。而树立品牌效应最重要的就是做好对品牌的营销。品牌就像是一个企业的门面，已经成了一种无形的销售力，对消费者的购买起到了良好的导向作用。小米在市场营销上可以说是做到了极致，小米是在不断摸索中才走到今天的，所以，很大程度上非常值得企业去学习甚至是复制。

▲ 创新就是让用户尖叫

截止到 2013 年 6 月，小米的销量达到了 1400 万，而 MIUI 系统的用户量则达到了 4000 万，小米能够取得这样的成绩，雷军用一句话来解释恰如其分，那就是"做出让用户尖叫的产品"。

其实创新亦是如此，能够让用户尖叫的产品，定然是创新的产品。那么小米究竟是怎样借助创新做到让用户尖叫的呢？

小米最让用户尖叫的是它的高配低价。双核 1.5G 手机，4 英寸屏幕，待机时间 450 小时，800 万像素镜头，这样的配置，谁都无法想象小米给出的价位竟然只有 1999 元。从 2011 年的市场行情来看，同款的智能手机价格大概都在三四千元，在这样的市场行情下，如何给小米定价，雷军和自己的团队一直在讨论，直到小米手机上市的前一个礼拜，关于价格的争论还在进行着，直到敲定了 1999 元的价格。自此以后，1999元便成了所有智能手机定价不得不参考的一个数据线。

小米高配其实并不是像想象中的那么简单，雷军说困难的程度当时界定的是 200%，而在实际操作中，其困难程度可能比想象中还复杂十倍。而这一切都是为了实现"让用户尖叫"的梦想。

在小米硬件的配置上，初期的很多设计雷军都不满意，觉得没有达到高配的目的。那时正是 2010 年，智能手机处于更新换代的时期，好多厂家都需要好的硬件配置，而采购元件陷入了极端困难的局面。雷军虽然在互联网界已经颇有名气，但要拿到一些好的元件也是极其困难的。

雷军将小米的芯片定位为高通厂家，从 2010 年开始小米便与高通联系，最终高通选择与小米合作的原因，很大程度上是被小米这种新的模式所吸引。在液晶屏幕的选择上，小米选择了跟苹果同样的夏普厂商，当时日本东北部刚刚地震结束，雷军想都没想就带着三个小米创始人直奔日本的夏普厂商，经过几天的讨论，夏普终究被雷军想要做好手机的坚定信念所感动。在芯片和液晶屏幕两项搞定之后，小米高配的梦想算是完成了一大半。

在硬件配置完成之后，小米接下来的便是选择一个好的生产厂商，把关生产品质。小米在厂家的挑选上，最终选择了与苹果 iPad 组装相同的英华达企业。雷军选择英华达，在很大程度上是冲着英华达组装苹果的经历。在雷军的心里，一定要做好这款手机。

在英华达生产的过程当中，雷军日日坚守在第一线，以保证小米手机的品质。工人们不是说接过单子来就可以生产，他们也需要一个熟悉磨合的过程，雷军常常在生产的第一线，为工人们讲解生产理念。现在来看，英华达南京分厂的业务 80% 左右是与小米建立的。

第二个让国人尖叫的是小米公司设计的 MIUI 系统，迄今为止有两个版本。

一个是 MIUI2.3 系统，这个系统研发的时间比较早。当时的安卓系统正处于混乱时期，小米看到了安卓系统很多的不足与缺点，便在原来的基础上进行改良，设计出了符合国人使用习惯的 MIUI2.3 系统。当然小米的团队为此做了很大努力，他们改进了系统的性能，在界面上做了优化与重新设计。

另一个 MIUI 系统被称为是 V5，是在原来的基础上在吸取广大米粉的建议之后，对系统的一种继续优化。比如一位政府官员的米粉曾经

给小米这样的建议：能不能设计出一款新的系统，白天的时候可以接听全部的来电，下班时间只接听手机通讯簿的号码来电，而到了晚上，只能接听自己设置的 VIP 号码。在 V5 操作系统中，这项建议已经被采纳，这点足以让人尖叫了。

雷军作为一个手机发烧友，经过长时间的观察之后，发现了一些手机自带软件的 BUG。比如很多智能手机在录音功能上就有很多问题，很多用户使用智能手机录音的时候，常常会出现录一会儿就自动关机不保存的现象，这就导致之前的工作白做了。小米发现了这点，在 MIUI V5 系统中，就着重完善这块。在完善之后，雷军在很多访谈中，都使用小米的手机作为录音设备，用亲身的经验为自己的品牌做代言。事实也确实如此，小米 MIUI V5 的录音系统确实受到了用户们的广泛好评。

小米设计创新的目标很简单，那就是让用户尖叫，要想达到这个目标，就必须要放平心态，想办法让用户用得舒服，而不是高高在上地向用户炫耀。雷军和他的小米一样，短短三年的时间，创造性地用做互联网的思路来做手机，最终做到了让用户在不断的尖叫声中买单。这也正是小米获得巨大成功的一个重要因素。

【创新启示】

在很多关于雷军的采访中，我们都能听到"我们要做出让客户尖叫的产品"这样的话，这已经成为小米立于不败之地的一个响亮口号与企业理念。只有博得客户的青睐，才会有好的销量。而做出尖叫的产品，定然需要创新，需要设计者们多动脑。

第七章

周鸿祎 ：创新就是要颠覆市场游戏规则

▲ 要创新，就要进行颠覆式创新

2008 年 7 月 17 日下午，奇虎 360 发布 360 杀毒，并同时宣布 360 杀毒对用户永久免费。此举无异于在整个电子产品杀毒领域投下一颗原子弹，原本需要两百块钱购买的软件，突然间可以免费使用了，这对杀毒软件行业的影响是可想而知的。360 的出现让广大网民用上了免费的杀毒软件，与此同时其他杀毒软件为了市场占有率也不得不被迫加入免费阵营，或推出促销免费版来留住用户。

把收费变成免费，这是商业模式上最为彻底的颠覆，360 走的就是这样一条颠覆性创新的发展道路。"不管什么产品，一旦变成免费，价格变成零，彻底消除了价格门槛，改变了游戏规则，这个对竞争对手的冲击力会相当大。"周鸿祎很清楚收费变免费的巨大颠覆效应，同时他也非常善于通过免费来赢取用户，战胜竞争对手。

BitDefender 连续十年排名世界杀毒软件第一，在全球互联网安全技术方面有着举重若轻的地位。周鸿祎先是与这家全球最老牌的杀毒软件公司合作，在采用 BitDefender 病毒查杀引擎的基础上，结合 360 本地化研发，与 BitDefender 联合重磅推出了 360 杀毒软件。与此同时，他宣称 360 杀毒对用户永久免费，并重点强调：360 杀毒免费不是推出促销免费版，也不是有时限的免费，而是永久免费，且功能无上限。

在接受媒体采访时，周鸿祎直言不讳地表达了 360 免费策略的目的，

"杀毒并不重要,杀毒更要免费,我们只是希望中国网民能以零成本构筑人民战争的队伍对付木马的威胁"。把收费变免费的这种颠覆式创新,让360收获了一大批用户,但与此同时也带来了诸多的问题。股东们天天问:"你是为老百姓做了一些好事,你是把传统的行业颠覆了,但你靠什么赚钱呢?"

与传统的商业价值观不同,周鸿祎在把360变成免费软件时,并没有过多思考怎样赚钱、怎样盈利的问题,他始终坚定地认为,只要能为用户创造价值,就一定会产生商业价值,一旦免费汇集到了几亿的用户基础,必然会迎来更为广阔的赚钱机遇。

事实证明,周鸿祎对免费策略的坚持是有价值的,如今360依托安全卫士和杀毒软件构筑起了搜索、导航、页面游戏等多种衍生业务,颠覆式的创新不仅没让360陷入亏损、破产危机,反而带来了意想不到的发展契机:免费策略的实行迅速壮大了杀毒软件的产业规模,过去整个行业年收入10亿人民币,现在360一家销售额就超过10亿元;用户规模也实现了井喷式发展,过去用户不到1000万,现在仅360一家的用户就超过了4亿……

尝到了颠覆式创新的甜头,周鸿祎越发热衷于在"免费"上做文章,2014年360推出了免费电话,只要是在联网状态,用户就可以免费拨打电话。值得一提的是,360免费电话除了可通话之外,还能精确识别诈骗电话、垃圾短信等,并进行有效筛选拦截,可以更好地保护用户免受诈骗和骚扰。

2015年3月,周鸿祎又带领360与微软达成了免费升级Windows10

的战略合作，合作内容主要为：微软公司的 Windows10 推出后，360 将为广大中国用户免费升级该系统，让国内的网民第一时间体验到 Windows10 的创新技术。

中国古代孙子兵法有云"置之死地而后生"，实际上这种免费的颠覆性的商业模式也是如此，表面看起来是自掘坟墓、自断后路，但新的规则和秩序一旦建立起来了，必将会迎来一个更加美好的春天。

在接受《IT 时代周刊》记者采访时，周鸿祎曾十分详细地阐述了自己对颠覆性创新的认识："我一直很赞同美国商学院一个经典教材谈的颠覆式创新或破坏式创新，这种不断的颠覆和被颠覆能推动产业的进步，推动技术和产品的创新，这也是硅谷和美国之所以不断推陈出新的原因。"

被扣上"流氓软件之父"的帽子，周鸿祎本人并不怎么在意，在他看来，自己搞颠覆性创新是必然会遇到反对声音的，打破平稳搅局的做法遇到强大阻力是一种必然。

【创新启示】

在周鸿祎眼中，"不守规则者"不仅不是一种贬义，反而是一种非常值得推崇的颠覆式创新精神。他用收费变免费的经营方式颠覆了传统杀毒软件行业，迅速建立起了 360 的商业帝国。尽管如今的 360 已经稳坐杀毒软件行业老大的交椅，但周鸿祎却并未停下自己颠覆式创新的脚步，他不仅颠覆别人，也常想怎样来颠覆自己。正像他开玩笑引用《笑傲江湖》里的那句话"要想成功，必先自宫"一样，

如果不想被别人革命，那就必须主动去革自己的命。这种主动挑战自我、否定自己、颠覆自我的创新方式正是如今很多企业所欠缺，所需要学习借鉴的。

▲ 颠覆式创新要从微创新开始

用户体验的好坏直接关系着互联网企业的发展，企业在提升客户体验方面所做出的创新和努力，哪怕很微小，也是十分值得肯定的。周鸿祎极力主张用户体验方面的微创新，他常常以苹果手机为例，讲微创新所产生的颠覆效应，在他看来，只要是能提升用户体验的创新，再微小也值得发扬光大，换句话说，创新不能一味求大求快，要做有价值的创新。

从 1995 诞生以来，微软公司开发的 IE 浏览器一直在搜索板块独领风骚，到了 2002 年，其市场份额甚至一度达到了 95%，可以称得上"横扫全球"。与老牌浏览器 IE 相比，360 于 2008 年才发布了第一代浏览器 360 Security Browser，并正式进入搜索行业，但令人吃惊的是，周鸿祎和他的团队仅仅用了 3 年的时间，就让这款浏览器迅速占领中国 PC 浏览器市场，成为份额第一的产品。

360 浏览器在市场上获得的巨大成功，除了依托 360 安全卫士捆绑下载的营销方式外，与产品在用户体验上的微创新也有着非常紧密的关系。

IE 曾是用户规模最大的浏览器，于是周鸿祎就在借鉴 IE 的基础上进行微创新，突破了传统的以查杀、拦截为核心的安全思路，在计算机系统内部构造了一个独立的虚拟空间——360 沙箱，所有的网页程序都

在这个被隔离的沙箱中运行，如此一来，即使用户一不小心访问了木马，电脑也不会因此而感染。与其他浏览器相比，360真正做到了百毒不侵，用户再也不用担心自己的电脑会因为上网而中病毒。

随着网络购物、在线支付的兴起，浏览器安全越来越受到广大用户的重视，作为主打安全的360，还专门建立了全国最大的恶意网址库，可以帮助用户自动拦截欺诈、网银仿冒、挂马等恶意网址，充分保护用户的上网安全。

此外，网民数量的爆发式增长，也吸引了越来越多的广告商，于是很多浏览器的弹窗广告开始泛滥，大大影响了用户的搜索体验，针对这一点，360通过微创新实现了广告智能过滤与上网痕迹一键清除，尽管只是一个小创新，但却很好地解决了用户的痛点，用户上网再也不必忍受烦人的弹窗广告，再也不必担心搜索痕迹会泄露自己的隐私。

在周鸿祎看来，微创新就是把产品做得简单、易用，让客户产生更好的体验。不过要想把微创新做好，还要讲究正确的方式方法。

在瞬息万变的互联网领域，"不鸣则已，一鸣惊人"的经营理念已经过时了，等你十年磨一剑地终于把产品做出来了，发现市场早就变了风向。在这样的商业环境中，要想获得竞争优势，就必须要快速调整，比如把产品研发的周期改为按季度、按月，甚至是按天来计算，随时进行市场调研，把产品拿到市场上去检验，错了没关系，迅速从头再来，用周鸿祎自己的话说就是"要快速调整，小步快跑"。

"我从来不相信一个产品一炮而红。等你看到一个产品红的时候，这个产品实际上已经在此之前经历过相当长时间的辛苦。"周鸿祎是颠覆性创新理念的忠诚信徒，但他在创新的过程中从不好大喜功，而是坚持从微创新开始，在他看来，任何颠覆性的创新都是从微创新开始的，这是事物循序渐进的发展规律使然，违背这一规律只会头破血流。

从经营者的角度来看，微创新的好处是显而易见的：与一步到位的创新相比，它风险更小，不会对企业组织造成大面积影响，大大降低了因创新导致破产的风险；其次，创新就是要走一条从未有人走过的路，摸着黑还要迈大步自然容易踩空、摔跤，如果微创新一点一点试探着走，随时在尝试中调整方向，显然更容易成功到达目的地。

【创新启示】

任何一家企业在创新时都会面临资源有限的问题，周鸿祎认为在这种情况下，微创新千万不要面面俱到，"什么都照顾到等于什么都照顾不到"，把有限的创新资源集中运用到一个点，一个关乎用户体验的关键点，只要把这一个点创新到极致，哪怕微小，也能打动用户心扉，让用户自动忽略产品的不足和缺点。世上没有十全十美的产品，分摊创新资源生产出平庸的产品，反倒不如集中到一点更能创造价值。

▲ 争议力就是创新力

与微软、苹果等起步早的互联网公司不同，360 成立之时，不管是全球市场还是国内市场，早已经是巨头林立，要想在这样的竞争环境下存活下来，就不能按照常理出牌——推行永久免费的杀毒软件，与金山、瑞星死磕到底；进入搜索领域后，为了争夺客户端，不惜与 QQ 对簿公堂……

周鸿祎似乎一直都在干"搅局"的事，也正是因为如此，他被冠上了一个"互联网斗士"的名号，腾讯弹窗骂 360，他也绝不会忍气吞声，照样会弹窗回击腾讯……在他看来，被抹黑并不一定是件坏事，这和工作业绩越优秀的人越容易被同事排挤是一样的道理，越是被争议，越说明你所做出的创新是有价值、有意义的，是能够打破传统商业模式构建新规则的，换个角度看，争议力往往就是创新力。

周鸿祎推出 360 永久性杀毒软件，这种颠覆了整个产业盈利模式和经营的做法几乎受到了所有同行的抗议和攻击。拿金山软件公司来说，2007 年金山软件的付费用户有 756 万左右，到了 2009 年，其付费用户已经减少到不足 500 万，由此可见 2008 年 360 推行永久免费杀毒策略的杀伤力。正如周鸿祎本人所说："我们触动的利益都不是小利益，都是几个亿甚至几十个亿来计算的大利益，换了谁，都恨死周鸿祎，恨死360 了。"也正是因为如此，他便成了整个互联网行业中最饱受争议的人。

　　瑞星杀毒软件原本也是国内杀毒行业数一数二的公司，但360永久免费的策略一出，该公司从此一蹶不振。

　　在互联网领域，有争议性的人物很多：马云在推销黄页时被骂成骗子；雷军搞"饥饿营销"时也不乏故弄玄虚的讥讽……但很少有人像360的周鸿祎一样，被骂居然也能催生出一条完整的网络粉丝产业。

　　随着智能手机的快速普及，移动互联网成为各大互联网公司的竞争主阵地。2013年，历来饱受争议的360在经过了杀毒行业免费大战、搜索领域3Q大战之后，在移动互联网行业再惹新争议。

　　智能手机越来越便宜，但与此同时智能机预装的软件也越来越多，360方面接到很多用户的举报，称手机中有些很少使用的软件难以卸载，这些没有使用需求又难以卸载的软件大大影响了手机的运行速度、电量和流量消耗，还会占据手机的内存，时不时弹出各种垃圾信息，影响手机的使用体验。为了帮助广大用户解决这一问题，360手机助手增加了"建议卸载"功能。

　　但周鸿祎的这一做法却引来了不少争议，先是大量网友称360手机助手在没有给出任何理由的情况下，建议用户卸载小米应用商店、百度地图等手机应用，紧接着小米方面针锋相对，正式决定对360全线产品下架整顿，进行安全检查，给360施压。

　　对此，周鸿祎并不意外，"越有争议往往意味着越有价值"，人们对新事物持否定态度，争议立场，这是认识新生事物的必然过程，从这个层面来看，没有争议的创新是不存在的。

　　新事物、新产品被客户质疑、被同行质疑没什么，随着大众对创新事物的认识逐渐增多，这种质疑迟早会烟消云散。令周鸿祎担忧的是很

多互联网公司被 360 触动利益后，第一反应不是学习跟进，改变自己的经营模式和方法，反而恨透了 360，处处制造 360 的负面言论，其中最常见的办法就是在网上冒充真实用户、匿名发帖、发微博、雇水军。

只要坚持创新，就必须要面对这样或那样的争议，作为一个颠覆性创新的践行者，周鸿祎深知自己触动了很多人的利益，得罪了很多人，但就整个行业以及 360 的发展来说，饱受争议是有价值的，因为这是创新的必经之路。唯有受得争议之苦，才能乐享创新之福。

【创新启示】

"创新就要有'二百五'精神，不能怕失败，更不能怕嘲笑、怕得罪人。"这是周鸿祎取得成功的一个重要原因。不少企业天天都在口号上喊创新，但天天都在按照旧规则走路，不敢真正创新，不敢抢巨头的饭碗，害怕被全行业群起而攻之，实际上这种担忧是完全没有必要的，因为争议力就等于同创新力，当你踏踏实实走上创新之路时，当你尝到创新的甜头时，就会发现争议不仅不会毁掉你，反而会成就你。

▲ 创新管理方式，草根创业式孵化

360 前身奇虎，于 2005 年 8 月成立，当时互联网行业早已经是群雄争霸。作为一个新出道的小公司，怎样在竞争激烈的夹缝中生存下来成了第一要务。如今，经过短短 10 年的发展，曾经的屌丝 360 早已经逆袭成为互联网行业里的高富帅。

2011 年，周鸿祎带领 360 在纽交所上市，2013 年公司营收 1.52 亿美元，净利润比前一年增长了将近 4 倍，如此迅猛的发展势头超出了包括华尔街在内所有人的预期。与米聊、人人、UC 等相比，360 是幸运的，但这种幸运，这种从草根公司逆袭成行业大佬的跨越式发展，却并非出于偶然，而是创新管理方式的一种必然。

在 360 内部，周鸿祎采用的是内部创业的草根孵化管理机制，拿"360随身 Wi-Fi"这一产品来说，研发出该产品的团队只有 5 个人，历时只有两个月，很难想象这样一个草台班子竟然能创造出上市三个月就销售300 万台的业绩。

360 随身 Wi-Fi 的产品经理王铁军最初是手机助手团队的一员，他和同事们在改进手机助手功能时，发现超过 80% 的用户都是有线上网，通讯商提供的网络存在速度慢、不稳定等状况，使用路由器又会遭遇很多设置方面的问题，因此便提出了随身 Wi-Fi 的产品设想。作为 360的顶层管理者，周鸿祎对这种自下而上的创新是非常支持的，内部创业、

互联网+
万众创新

草根创业式孵化是 360 保持企业内部活力的重要管理方式之一。

在公司内部的例会上，周鸿祎大力肯定了张铁军的产品设想，随后张铁军和其他 4 名同事组建了一个仅有 5 人的草台班子，"我们没有做硬件的经验，就是从内部找来了一位学过工业设计的同事"。很难想象，如此受市场欢迎的随身 Wi-Fi 居然是在 5 个人的业余时间搞出来的，在 360，没有严格的管理模式，只要项目有趣，主要负责人在不影响正常工作的情况下都能调动公司的相关资源，这对于草根来说绝对是非常优厚的创业资源。

在 360 内部，这种草根创业式的孵化项目还有很多，一上线就占据 10% 市场份额的 360 网址导航也是这样诞生的，其产品经理周浩只有 27 周岁。用张铁军的话说，"360 适合真正想干点事的人"。做好一个项目就能迅速冒出来，做不好就会马上被贬下去。

很多公司规模一大，就会形成等级森严的管理制度，但 360 却颠覆了这种等级式的管理方式。为了始终保持企业内部的活力，周鸿祎采用扁平化的管理方式，将公司依据业务线分成了 400 个小团队，没有绝对化的领导，谁都可以直接向周鸿祎汇报工作，沟通产品，即便你是实习生，只要是真正触及用户需求的，同样可以直接找周鸿祎面对面交流。

这种区别于传统等级式的管理方式，形成了快速反应、高效沟通的企业管理文化。360 总裁齐向东曾公开说过："公司不能有绝对的管理者，否则就会出现划地盘的事情。"时至今日，360 已经成为互联网行业内与腾讯、百度比肩的行业巨头，但周鸿祎和齐向东依然用产品经理来定位自身。

与很多条条框框、规范化管理的大公司相比，周鸿祎的管理诉求很简单，"把大的变小，把复杂的变简单"。他坦然承认自己没有布局全局的能力，但却坚信"微小的创新能够改变世界"，所以他把大公司拆分成业务线，把4000多人拆分成一个一个的小团队，把原本层级复杂的管理机制简化成了零层级。这种管理方式上的创新，不仅保持了公司的活力和生命力，也给广大草根人士提供了一个创业的孵化园地，同时也更利于360吸引更多、更优秀的人才加入。毫不夸张地说，这是一个多方共赢的带有周氏特色的新型管理模式。

【创新启示】

在传统商业观念中，人们崇尚规模至上，偏爱层级清晰的规范式管理。任何管理模式都有其弊端，规模越大，管理就会越僵化；层级越清晰，审批程序就会越复杂，公司对市场环境的反应就会越慢。在如今这个瞬息万变的市场环境中，快鱼吃慢鱼的商业氛围中，传统的管理理念已经不再适用，互联网经济因小而美，周鸿祎采用拆分的办法把大团队变成小团队，采用扁平式的组织结构消减管理层级所带来的滞后效应，这种管理上的创新特别值得广大企业的管理人员学习借鉴。

▲ 创新真正的"道"是价值观

有些企业一直强调创新，又是搞技术革新又是变革管理方式，结果折腾来折腾去，不仅没有创出个所以然来，反倒把原本生机勃勃的企业搞得濒临破产，实际上这就是没找准创新关键点、核心点的后果。创新不能只围着"术"打转，要明确创新真正的"道"是价值观。

2013年11月13日，美国IT网站ZDNet发布了一份关于微软人事改革的报道，称微软人力资源主管丽莎·布鲁梅尔将宣布废除实行了长达10年的员工排名制度。在微软公司，每个员工都要接受自己上级的评分，评分标准分为卓越、优秀、普通、糟糕四个等级，在长达10年的时间里，微软一直都在通过这种评分制度来保持团队的高效率和创新活力，同时淘汰表现不佳的员工。

实际上，这种评分的管理机制在整个互联网行业非常普遍，亚马逊、Facebook和雅虎等都有类似的管理机制。那么，微软究竟为什么要废除这项实行长达十年之久的管理制度呢？

一家企业要想永葆创新活力，只凭借机械的管理制度是远远不够的，员工价值观的培养同样重要，只有让每一个员工都树立起创新的观念，并把创新融入到日常工作的方方面面，企业才能成为一个富有创造力的企业，一个有前途的企业。正如360的周鸿祎所说，"如果你真的想成为一个创新者，所有关于商业模式、用户体验的问题都是术。真正的道是价值观"。

布鲁梅尔在给全体微软人的通知邮件中写道："公司做出该决定，旨在改变员工排名方式，是'一个微软'哲理与战略的一部分。今后团队精神与协作将是评价员工的首要条件。"换句话说，微软废除排名考核方式的目的就是为了形成"一个微软"的价值观，进而加强公司内部的沟通，最终为客户送去更多的创新和价值。

没有创新价值观的有力支撑，任何一种创新方式都是走不远的，在这一点上，360的周鸿祎深有体会。他始终认为，创新不应该仅仅停留在技术创新、管理创新等"术"的层面，而是要从观念上、企业的内部价值观上确立创新的领导地位。"我们不能一方面渴望创新、渴望成功，一方面又要跟社会主流的价值观保持高度的一致，害怕失败。"

几千年来，中国一直崇尚"和谐、中庸"的儒家文化，社会主流价值观缺少革新换代的意识，改革开放后，经济的迅速发展对原来的主流价值观产生了巨大冲击，国人的价值观开始变得单一，对金钱和成功的追求高于一切，把收入作为人生成功与否、生活是否幸福的首要标准。一方面是人们对金钱和成功的狂热向往，另一方面人人都害怕失败，这种矛盾的价值观是现今社会的主流。

用周鸿祎自己的话来说就是"如果你干了一件所有人都叫好的事，这还叫创新吗？创新者很多时候是很孤独的，是不被大多数人所理解的，甚至只是小众派。"

很多企业家、管理者和普通人一样，会在不知不觉中受从众心理影响。换句话说，我们很难逃开社会主流意识的束缚。在国内这种主流价值观的背景下，要想做一个创新者，就必须要做好与社会主流价值观背

道而驰的准备，就要有承受成为"异类"的胆量和自觉。

如果没有价值观的引领，创新只会变成昙花一现，很难形成"联动创新、继承性微创新、颠覆式创新"的局面。360之所以能够成为颠覆式创新的模范，这和周鸿祎本人崇尚"求新、求异、毫不惧怕争议"有很大的关系。不管是"收费变免费"的经营策略，还是3Q大战，周鸿祎在很长一段时间都是同行们争相攻击的靶子，网络上攻击他的帖子、言论数不胜数，时至今日依然有人对他讽刺、挖苦、人身攻击，对此周鸿祎其实很淡然，在他看来，这是每一个真正的创新者都会遭遇的情景。

【创新启示】

360这种对创新的坚持、执着、死磕精神是很多企业所欠缺的，整个企业没有可以引领创新的价值观，领导害怕变动，员工不想出风头，这样规规矩矩、死气沉沉的企业是没有创新细胞的，即便有创新思维也会迅速被淹没在主流价值观的大潮中，彻底丧失生命力。要想成为一个创新型企业，就必须要去培植适合创新的内部价值观，要能够把那些创新的胚胎滋养成一个婴儿、一个完整的生命，只有这样，企业才能在创新领域走得更长、更远。

▲ 创新就是要与众不同

"所有的创新，只要符合与众不同的精神，加上屡败屡战的韧性，再加上接地气的非常务实的操作方法，到市场中去，到用户中去，你才有创业成功的可能。"这是 360 董事长周鸿祎在清华做演讲时的"周氏"创业名言，正像《拒绝平庸》书名一样，周鸿祎从来都是一个不走寻常路的互联网人。

"与众不同"说起来很简单，但真正能够做到的人却寥寥无几，尤其是一直坚持到底的人更是凤毛麟角，而周鸿祎却用自己的行动诠释了"什么样的创新才是与众不同"。

360 是一家以杀毒软件起家的互联网公司，与所有的软件公司都不同，周鸿祎不仅要在软件领域深耕细作，还要走出去，到互联网的搜索领域去壮大自身。截止 2013 年 11 月底，360 在 PC 搜索市场的份额突破了 20% 的大关，事实证明，与众不同的创新所产生的效果是非常惊人的。在 360 成功进军搜索领域之前，又有谁能想到一个靠杀毒软件起家的互联网公司也能玩转搜索导航呢？

仅 2014 年第一个季度，360 的营业收入就达到了 2.65 亿美元，同比增长 141.3%，实现净利润 4912 万美元，增长率比 2013 年同期增长了 6 倍，据 360 的财报显示，营业额与净利润的持续快速增长主要受益于导航、搜索以及无线等业务商业化的持续推进。

360 依托杀毒软件起家，但周鸿祎在产业布局上并没有采取微软和英特尔的发展办法。在美国，微软与英特尔一直都是 PC 时代的两大霸主，一个不断提高操作系统，一个则不断提升芯片的性能，两者结成联盟相互配合，在经营领域上互不渗透、互不干涉，一起配合共同发展。

表面看来，微软与英特尔的合作发展模式很完美，但实际上却并非如此，微软与英特尔的联盟原则给无数的中小公司提供了更多的发展机会与空间，并最终颠覆了这两家公司。

创新就是要与众不同，周鸿祎一直致力于将 360 打造成一个以"安全"闻名的互联网帝国，除了众所周知的 360 安全卫士、360 手机助手、360 浏览器等软件产品外，360 还在朝着硬件领域不断渗透。

在智能硬件领域，360 的发展方向有两个：一是成立智能硬件事业部，针对用户需求做创新和研发，开发诸如 360 随身 Wi-Fi、360 智键、360 安全路由、360 儿童卫士等独立硬件产品；二是寻求与传统厂商的合作，比如与 TCL、奥克斯等传统企业合作推出智能家电等。

360 用接近零利润的硬件去圈客户，接着用硬件端的应用去收集用户的相关数据，最终再通过数据变现或收费的增值服务等方式实现盈利，这种商业模式与传统的卖杀毒软件赚钱有着本质上的不同，与百度、腾讯等广告、竞价排名的盈利方式也有着非常明显的差异，与传统厂商生产产品再销售的模式更是天差地别，正是因为盈利方式够"新"，够"与众不同"，所以 360 才能在竞争激烈的互联网市场上走出一片属于自己的广阔天地。

在互联网行业，你永远无法通过复制别人而获得成功，要想成功就必须要创新，必须要与众不同。

周鸿祎在谈及创新时，从不否认创新的巨大风险，"绝大多数创新的想法一定失败，最后都是屡败屡战"。如果决定了要创新，就必须有坚定不移的信心，哪怕周围所有人都在说你会失败，哪怕种种客观因素都在指示"你不会成功"，不管是在创业的道路上还是创新的路途中，耐得住寂寞都非常重要，要做好长期奋战的准备，具备屡败屡战的韧性，如此一来再没有什么能够阻挡你。

【创新启示】

与众相同不是创新，而是抄袭、复制，世界上从没有哪一家企业是靠复制竞争对手而成功的。受成王败寇思想的影响，很多创业者、企业管理者都十分惧怕失败，为了降低失败风险，他们更愿意选择抄袭、跟随的策略。在如今这个竞争激烈的社会，不创新就等于慢性自杀，与其保守等死，不如像周鸿祎一样创新一搏，至少创新还有一举成功的希望和生机。

▲ 要免费！就是跟你们不一样

免费是一种非常有效的竞争手段，正是借助这一手段，360 从一个杀毒收费公司成为免费软件提供商，进而迎来了一个爆发式增长的发展阶段。其实，当初周鸿祎推行 360 软件免费的政策时一点也不顺利，甚至差点儿惹上麻烦。

互联网在中国是一个非常年轻的行业，当周鸿祎满腔热血地推出免费软件时，并没有立刻出现用户蜂拥而至的局面，很多用户对此都颇有疑虑，甚至担心是骗局。杀毒免费的策略一出，反倒是竞争对手们反应迅速，一些担心市场被蚕食的竞争敌手还联名建议国家有关部门查一查 360 是不是在搞倾销。

尽管 360 杀毒免费的推行并不顺利，但周鸿祎本人一直都是自信满满。在他看来，互联网行业的免费是符合商业规律的，从成本上来说，不管是杀毒软件还是其他诸如搜索等互联网服务，其开发成本基本是固定的，因此当该产品或服务的用户基数非常庞大时，分摊到每一个用户身上的成本就基本可以忽略不计。比如开发某服务成本 1 亿元，当有一亿用户时，分摊到单个用户身上就只有一块钱；如果有 10 亿用户，那么单个用户的成本就只有一毛钱。在中国这样一个人口大国，整体的用户规模是非常庞大的，只要互联网公司能够吸收到海量用户，即便产品免费不收钱，仅广告一项的收入也会非常可观，这意味着这样的经济模式是可行的，是能够持续发展的。

早在 2000 年，美国 Bluelight.com 就与雅虎合作推出了免费上网服务，居住在美国几个主要大城市的人，只需进入指定网页下载一个软件，并填写好个人资料后就可以获得免费的上网服务。除了 Bluelight.com，当时还有 18 家提供免费上网服务的公司，其中最有名的是一家名为 Juno 的公司，这家公司先是凭借免费电子信箱服务吸引了 600 多万的消费群，后又依托免费上网服务获得股价的大规模上涨。

从美国的互联网发展方向来看，越来越多的免费服务成为一种必然发展趋势。在周鸿祎看来，"免费"的最大意义在于营销。互联网的发展让人们进入一个信息过剩的阶段，每个人都整天充斥在各类广告的轰炸之中，在信息满天飞的年代，无论广告怎样别出心裁都难以达到吸引客户的目的，当今，最好的营销不是广告，而是免费，人人都有贪便宜心理，当用户不用花费任何代价就能享受免费的商品或服务时，怎么可能会拒绝呢？

实行杀毒免费远远要比投放广告、花费巨大广告费要有效率得多，正如周鸿祎所说，"你在每个用户身上花几毛钱，让他每天都看到你，你做得好，用户们还会自愿给你去宣传，这是很低的营销成本。"而且宣传范围大、宣传力度深，还能有效地拉动产品的人际传播，这就是免费的魅力。

从收费到免费，周鸿祎用自己不一样的思维带领 360 走上了一条康庄大道。如今，不少互联网公司都开始服务免费，但周鸿祎却依然坚持着"要免费，就是要跟你们不一样"的原则，开始在硬件免费的道路上探索前行，并进军手机领域，于 2015 年 5 月发布了新手机品牌。

互联网+
万众创新

【创新启示】

　　在信息过剩的今天，再多的广告、营销投入都不如免费策略有效，尤其是对于互联网企业来说，千万不要紧盯着眼前的蝇头小利，要学会转换思维，换一种思路去做宣传推广，与其把大笔钱都贡献给广告商，还不如让利给广大用户。免费一定要和别人不一样，要比别人早免费、先免费，否则一旦错过时机，被竞争对手抢了先，那么很可能会迅速失去原本的市场领地，届时追悔莫及也无力回天了。

第八章

李彦宏：要比别人看得更深刻

▲ 敢想他人之不敢想

作为百度创始人、董事长兼 CEO，李彦宏除了对互联网"技术"异常痴迷与精通外，在经营策略上也有一套。

据百度公布的财务报表显示：2012 年第三季度净利润率 53%，但到了 2014 年，同样是第三季度，净利润率却下降到了 29%。对于互联网商业巨头的百度来说，这样的利润率下滑绝对算得上地震级别的大事。当其他互联网公司利润率节节攀升之时，百度为什么会出现利润大规模下滑呢？

众所周知，百度是一家以网络搜索起家的互联网公司，尽管百度在搜索领域占据了很大的市场份额，但在阿里、腾讯等互联网巨头迅速集团化扩展经营的背景下，仅靠单一的搜索业务是难以持续化发展的，一旦巨头们进入搜索领域，百度必然会遭遇一个业绩迅速下滑的低谷，届时在巨头们集团化经营的威压之下，要想重新崛起势必会困难重重。

随着智能手机的普及，移动互联网成为各大公司争夺的主要阵地：微信、支付宝钱包、滴滴打车……作为国内搜索领域的领头羊，百度很早就开始重磅加码移动互联网。企业越发展，转型就会越危险、越困难，李彦宏也充分意识到了这一点，因此采取了"自降利润率，以谋求长远发展"的应对策略。

换句话说，这种利润率的下滑并非市场因素，而是李彦宏的领导决

策造成的，用他自己的话来说，"不能为了短期利润牺牲长期发展"。诚然谁都知道长期发展比眼前利润更重要，但在实际管理过程中，要想做到这一点却是非常困难的，当股东们的实际收益大规模减少时，当股价大跌造成融资越来越困难时，当竞争对手们大刀阔斧的捞金时，没有几个人还能坚持住长期发展原则，但李彦宏做到了，他带领百度实现了从PC 端到移动端的成功转型。

在媒体的公开采访中，李彦宏曾坦然谈及百度利润率大规模下降的事情，他说道："短短两年的时间，利润率下降这么厉害，这其实表明一种决心，就是说百度愿意砸钱、我愿意投入，我不在乎华尔街怎么看，我不在乎我的股价会再跌掉一半或者更多，我一定要把这事做成。所以这两年的投入，对于我们平稳的过渡，我觉得也是起了很大的作用。"截至 2014 年第三季度，百度的移动收入已经占到了总营收的 36%，在BAT 中领先移动转型，由此也不难看出李彦宏敢做他人之不敢做的行事作风。

在互联网行业内，论技术上的高投入，绝对少不了百度的名号，除百度地图、百度钱包等诸多的领域投入外，李彦宏在人工智能领域也同样敢大笔砸钱，作为一个技术的忠实粉丝，他直言"绝大多数人低估了技术给人类社会带来的改变"。

不管是对于普通大众来说，还是对于互联网行业的精英们来说，人工智能都是一个遥不可及的梦想，但李彦宏却敢想他人之不敢想，他深信技术改变生活、技术改变社会，他深信人工智能并不遥远，他深信大家"觉得有点远的事情，很快都可以通过技术实现"，也正是这种大胆的想法、坚定的信念促使他一直致力于技术研发的高投入。

事实证明，李彦宏这种敢想敢干的管理策略确实给百度带来了一个又一个新的发展机遇，同时带领百度逐渐从一个单一的搜索提供商成长为一个综合型的互联网公司，并成功跻身三大互联网巨头的行列。

【创新启示】

很多企业在创新的过程中容易掉进这样的陷阱：口号上喊得很响，行动上却一直是原样；一直苦思冥想怎样创新，却一直都在原地踏步……思想引领行动，要想真正实现行动上的创新，首先必须要解放思想，突破传统思维模式，敢想别人不敢想的，敢提出挑战传统思维的想法，只有这样我们才有望走出一条他人从未走过的路，才可能通过创新实现跨越式大发展。

▲ 要有专注的精神

"作为大企业，钱多了是负担"，对于马云的这一论调，李彦宏也颇有感触。如今互联网行业处处都是新机遇，但机遇多了，钱多了，反而容易迷失方向。公司一定要建立自己的优势，如果缺乏专注精神，不能在某一个领域扎根下来，而是跟着潮流跑，今天做游戏，明天做电子商务，那么必然会失去自我价值，从而被无情的市场洪流所淹没。

进入 21 世纪，国内互联网行业兴起过网游热潮、即时通讯热潮、电子商务热潮，但李彦宏所带领的百度却一直踏踏实实做"搜索"。实际上这种对搜索的专注，正是李彦宏的成功秘诀之一。

2005 年百度成功上市后，一下子有钱了，李彦宏面对的诱惑也随之多了起来。当时有很多人建议"应该涉足网游，多个更赚钱的业务"，那时网游的火爆程度简直难以想象，仅两年搜狐旗下畅游的在线游戏收入就达到了上千万美元，并成功拆分上市，轰动了纳斯达克，掀动了国内网游投资的热潮。紧接着数不清的互联网公司，纷纷将业务重心转移到网游项目上，并将其视为战略级项目。

在面对网游热潮时，李彦宏没有被赚钱冲昏头脑，而是十分清醒地对那些不属于自己的机会说"NO"。

作为搜索领域的排头兵，百度拥有极其丰富的用户资源，因此也吸引了不少前来洽谈网游业务的小伙伴。李彦宏曾不止一次看过关于网游的调研报告，尽管数据显示百度社区的用户很多人是游戏玩家，花在网游上的时间比搜索更长，但李彦宏依然平静的拒绝做网游，拒绝的理由很简单，"我自己从来不玩网游，很长时间都搞不懂网游。我想对于这种自己都不喜欢、更不擅长的事，即使商业机会摆在那儿，我也肯定做不过真正喜欢它的人"。

实际上，李彦宏做事情的原则很简单，早在 2006 年参加《鲁豫有约》的节目访谈时，他就十分坦诚地分享了自己的成功秘诀：一是做自己喜欢的事，喜欢才有热情，喜欢才会全心全意把它做好；二是做自己擅长的事，不擅长的领域，哪怕机会再好，也不是属于自己的，所以会大胆说"NO"。

其实，李彦宏刚回国时，就已经意识到了网游行业的大发展，中国网民对网游的热情远非其他任何一个国家可比，再加上国人基数大，网民数量势必也会非常巨大，这几乎就注定网游会成为互联网行业中的一片商业蓝海，但李彦宏并没有动心，当时他就已经决定要专注在搜索领域。

尽管今天的百度业务越来越庞杂：百度文库、百度钱包、百度地图……但李彦宏始终坚持将百度 70% 的资源投入到与搜索直接相关的产品和技术研发中，20% 用于与搜索间接有关的产品和技术研发，剩余10% 用来尝试各种各样的创新项目。正如百度高管李昕晢所说，"多元化从来不是百度的追求，用 10% 的资源做尝试也许是浪费，但不尝试百度就变成了传统行业，没有什么新东西可琢磨了"。

一方面李彦宏专注于搜索领域，拒绝了 SP 业务，也拒绝了自己做网游；另一方面，他又在创新领域不断地尝试、探索，不惜拿出百度资

源的 10% 专门用来创新。或许正是这种集专注与创新的做事方式，才得以成就百度今天的行业地位以及光明前景。

【创新启示】

与传统行业不同，互联网是一个瞬息万变的行业，每两三个月就会出现一种新技术，形形色色的新业务更是如雨后春笋不断地涌现出来。在这样一个行业，缺乏专注精神是非常可怕的，当微博红火时，谁也无法预料到微信的用户会远远超过微博，如果缺乏扎根于某一领域的耐心、决心，而是跟着潮流跑，那么不仅难以追上竞争对手，反倒会让自己陷入迷茫、不知所措的境地。当无数机会纷纷来袭时，请像李彦宏一样保持专注，拒绝那些不属于自己的机会。唯有始终保持自身优势，发挥自身长处，才能打好根基，从而缔造更加雄伟的商业帝国。

▲ 要扎下去，并且要扎得深

李彦宏之所以能够成为互联网行业的风云人物，靠的绝对不仅仅是运气。和很多高考填报志愿的学生一样，李彦宏也曾面临究竟应该选什么专业的困惑，当时他主要纠结于是去清华学建筑，还是去北大学信息管理，最终他还是选择了北大的信息管理，后又留学美国，最终进入工业界工作。

微软是全球互联网行业数一数二的公司，在二十几年前，比尔·盖茨和今天的乔布斯一样是很多人崇拜的偶像。刚进入互联网领域做程序员的李彦宏也是盖茨的忠实粉丝，他十分关注各类媒体上关于微软的相关新闻，当时"微软技术不行"的言论满天飞，这令李彦宏非常困惑，他开始思考：为什么技术不行依然可以那么成功？或许当时的李彦宏并没有意识到，他已经在悄无声息中扎根于互联网领域了。

时至今日，百度已经成为中国互联网巨头之一，谈及自己所取得的成绩，李彦宏坦言自己的经验就是"要扎下去，并且要扎得深"。

马云把电子商务搞得热火朝天，腾讯在即时通讯领域汇集了规模非常庞大的用户，搜狐旗下的网游单独拆分上市……十几年来，不管互联网行业的风向怎样，潮流怎样，李彦宏始终都把百度框在搜索领域，一点一点地挖掘，一点一点地开发完善搜索引擎以及周边业务，这种"专注""扎根且深扎"的行事作风造就了今天的百度。尽管360、搜狗、

IE 等众多互联网公司进入搜索引擎领域，但百度依然是百度，依然稳坐搜索行业的老大交椅，这和李彦宏多年扎根搜索领域并充分建立起了自身优势有非常大的关系。

在李彦宏看来，做事业和种树有某种异曲同工之妙，树根扎得深，才不会被狂风连根拔起，同样公司要想在市场上有一定影响力，在激烈的同行竞争中保有自己的一亩三分地，就必须要有深厚的根基。深厚的根基怎么来？答案很简单，那就是多年的踏实积累以及深扎某领域的优势。

其实，李彦宏早在回国创办百度时，就已经开始了自身在商业、在搜索领域的积累。在美国时，他一边工作一边学习，总结分析美国几百年来的商业模式，了解学习互联网搜索方面的知识，并在不断地摸索和学习中，渐渐认识到：技术唯有与商业结合，才能爆发出最大的市场影响力，用李彦宏自己的话来说，"你做的东西再复杂再牛，没有人用就没有价值。但是，如果你做的东西有千百万人用，几十亿人用，那你才是最牛的人"。

李彦宏在美国最前沿的互联网公司了解到搜索引擎技术，当时没有更好的、成熟的搜索引擎技术，大多数人也并没有意识到这项技术将给社会带来怎样的影响，但当时的李彦宏却敏锐地嗅到了商机。"我自己因为是做这个的，所以知道它重要。"尽管搜索引擎技术最早出现在美国，但李彦宏却认为机会在中国，带着这种信念，他毅然决然回国发展，并最终成就了今天的百度。

不管是在商业领域还是在创新方面，踏踏实实扎根在一个点至关重要。从百度创办至今，李彦宏的所有工作重点都集中在搜索领域，他心无旁骛地深深扎根于搜索领域，突破了很多技术上的难关，刷新了一个又一个搜索领域的记录。这种精神才是百度以及李彦宏身上的成功精髓。

【创新启示】

"千里之行，始于足下"，但大多数创业者往往都耐不住寂寞，尤其是在新机会、新诱惑面前，常常会丢了自己，丢了梦想，殊不知这是非常危险的行为。在自己熟悉的领域尚不能做好，又怎么能够轻易在完全崭新的领域崭露头角呢？在这一点上，李彦宏非常值得我们学习。做事业永远不能"这山望着那山高"，今天立志扎根电子商务，明天又突然想转行网游，三心二意、四处挖井的结果只会是哪里也不能把基础扎扎实实打好，哪口井都不能挖到水。只要选定了一个方向，一个行业，那就踏踏实实扎根下去，把根扎深，如此一来迟早都能发展出自己的一片天地。

▲ 创新是百度的灵魂

对于创新，百度创始人李彦宏的认识很独到：那些不被大公司、大企业看上的项目更有创新价值，更值得去认真创新、认真经营。在接受外界媒体采访时，李彦宏曾颇有感慨地说道："Facebook 之所以起来，是谷歌看不上 Facebook，觉得也没什么技术含量；谷歌做的时候雅虎也觉得搜索没有什么好做了……"

于整个互联网领域来说，搜索实在是微不足道的一个小"零件"，微软这样的大公司看不上，一直扎在电子商务领域的马云等也没多大重视，因此百度才有机会和空间迅速成长起来。在李彦宏看来，"所谓创新，就是你认为是对的，你认为是有前途的，但是大多数人不认为有机会。你做好几年了，他还不觉得好，这才是真正的创新。"

从百度成立至今，创新一直都是这家企业的灵魂。为了坚持自己的创新理念，李彦宏曾面临过无数次的挑战和困难，其中最艰难的就是2002 年的百度转型事件。

当时，很多互联网公司都是将搜索作为一个附属业务，李彦宏正是看到这一点，因此坚定地认为没被大家看上的搜索引擎是有价值的，也是有前途的，是非常值得好好挖掘的一个领域。经过周密的考虑和思索后，他决定带领百度转型成为一家独立搜索引擎网站，但国外的投资人并不认同李彦宏的决定，双方展开了十分激烈的谈判。

　　李彦宏平日里是一个温文尔雅、低调平和的人，但为了坚持自己做独立搜索引擎网站的想法，好好先生也有发飙的时候，面对投资人的反对，李彦宏怎样说服都没用，在讲了一整天越洋电话后，他彻底爆发："我不做了，大家谁也别做了，把公司关了拉倒！"紧接着这支通话的手机在"啪"的一声中变成了两半。

　　在事关百度原则的事情上，李彦宏从来都没有让步妥协，最终董事会同意了百度转型为独立搜索引擎网站的提议，事后有投资人和李彦宏摊牌："是你的态度打动了我们，而不是论据。"只要你认为有价值的，且没被大公司、大企业看上的，那么这本身就是一种创新，在创新一事上，坚持才能胜利，李彦宏用自己的强硬态度为百度迎来了一个全新的发展机遇。

　　创新是百度的灵魂，这句话并非仅是说说而已，随着百度的不断扩大发展，怎样保持一线员工的创新活力就成了一个重要问题。李彦宏是工程师出身，在管理风格上也颇有工程师的风格，尽管今天的百度员工将近20000人，但依然坚持着上下班不用打卡，没有明显上下级关系，没有乱七八糟的派系之争的扁平自由化管理，这种开放式的管理方式正是百度创新得以延续、孕育、成长的重要原因。

　　在百度的管理人才提拔上，李彦宏打破了传统企业论资排辈的任用规范，大胆启用年轻人做领导，在他看来"一个人创造力的高峰是在30岁左右"。这位25岁进驻华尔街，后转战硅谷，再回国创办百度的天才式人物坦言："我觉得我想不过年轻人了，我会出一些方法论，不会出具体的方案，我更希望我们的年轻人能够有新的想法出来。"由此也不难看出百度对创新、对年轻人的重视。此外，为了挖掘、招揽更多

的年轻创新型人才，李彦宏还专门推出了百度奖学金计划，每年奖励10万元，鼓励在校大学生进行研究、创新。

如今，不管是管理模式、企业文化，还是技术人员们的日常工作，无一不彰显着年轻、创新、求变的气息，创新精神在百度绝不仅仅只是口号，而是深入到百度人骨子里的工作精神，已经成为他们工作的一种常态，这也正是百度在爆发式发展之后仍然能够保持高效、自由、发展活力的最根本原因之一。

【创新启示】

创新是一个很脆弱的东西，它不仅需要企业领导者极力倡导的"火种"，还需要适合"燃烧"的管理制度，充满"氧气"的工作氛围与企业环境，只有各方面都具备了创新存活的土壤，才能滋生出新想法、新创意。在企业的管理和氛围创建上，李彦宏的做法很值得我们学习借鉴，层级森严格式化的管理模式是不适合创新的，要想用创新打开新世界的大门，就必须要把创新放到重要的战略位置上，必须破除一切创新的阻力。

▲ 用自己的优点去求变，去创新

"覆巢之下，岂有完卵"，当整个市场环境陷入危机时，任何一家企业都会受到影响。作为一个新兴行业，互联网从 20 世纪 90 年代开始进入发展快车道，2000 年互联网经济泡沫开始破裂，行业寒冬接踵而至，突如其来的灾难让很多互联网公司都陷入了即将破产的困境，百度也不例外。

当时，百度还是一家刚刚成立不久的新公司，公司业务主要是给其他门户网站提供搜索技术服务，互联网寒冬的到来让李彦宏深刻认识到了这种经营模式的弊端。为了储存"力量"过冬，很多门户网站都开始放弃搜索上的追求，它们不再选择最好用的搜索引擎服务，而是选择最便宜的，这对于专门提供搜索技术服务的百度来说，是一个非常不利的发展信号。

百度原有的商业模式遭遇困难，李彦宏开始思索怎样用百度的优点去求新、求变，怎样构建一个新的盈利模式。"当时每家互联网公司的日子都很难过，这样我们就不能再幻想依靠有限的几个门户网站来挣钱，因此 2001 年的夏天，我们做了一个对年轻的百度而言很重大的决定，放弃既有商业模式，改作面向用户的搜索网站。"李彦宏这个转型搜索门户网站的想法对百度来说是一个发展的里程碑。

创新本身是一件有风险的事情，作为公司的管理层，必须要想办法

去降低创新给企业所带来的风险，在李彦宏看来，降低创新风险最好的办法就是用自己的优点去求新、求变。百度的优点在搜索，既然给门户网站提供搜索服务的路走不通，那就直接面对用户吧！

对于百度转型的提议，当时百度的国外投资人并不看好，除此以外，百度还面临很多技术上的问题。给门户网站提供搜索服务，只要百度的技术、产品和市场上最好的一样好就可以，但作为一个面向广大终端用户的搜索网站，这样的要求是远远不够的，只有将技术和产品做到比任何一家公司都好，才能聚集大批用户，才可能在终端搜索领域站住脚。为了实现这个目标，李彦宏十分清醒地意识到：百度必须要有自己的创新。

2002年对于百度来说，是十分关键的一年，这一年李彦宏用强硬的态度最终说服投资人同意百度转型，紧接着他带领百度人做了很多很多技术上的创新，说起当时的工作状态，李彦宏回忆道："当时我虽然是CEO，但实际上做的基本是技术项目经理的事，就是每天跟工程师在一起，迅速提升产品的质量和技术，使百度在收录网页数目、结果相关性、信息更新速度和服务响应速度等领域迅速超越所有竞争对手，成为中文搜索的最优者。"

在搜索领域的技术和产品创新给百度带来了新的发展生机，到了2003年，百度的整体搜索份额比前一年上涨了7倍，并成为中文搜索市场上的流量NO.1，用李彦宏自己的话说，"这就是创新求变带来的效果"。

塞翁失马焉知非福，互联网经济泡沫的破裂是挑战，但同时也是机遇，行业寒冬会迫使相当一部分企业破产、淘汰，这也就意味着一旦能够在寒冬中活下来，必将迎来一个广阔的市场前景。

正如李彦宏在"2009 年中美经贸论坛"中提出的"弯道超车"理念一样，百度不仅不惧怕危机，反而能够借由互联网寒冬进行商业模式转型，不仅没有被互联网泡沫打败，反而成了为数不多的幸存者，并借助多方面创新一跃成为全球最大的中文搜索引擎。在 2008 年的全球性经济危机中也是一样，百度再次用自己的优点创新、求变，并借此机会一跃成为国内的互联网大亨。

创新所蕴含的发展能量是非常巨大的，但企业创新一定要注意找到自身的优点、擅长领域，只有在熟悉的领域借助自己的优势进行创新才更有效率，反之连基本的常识都要学习摸索很久，又谈何快速创新、"弯道超车"呢？

【创新启示】

在赛车比赛中，尤其是实力相差无几的选手，能否在转弯时表现良好直接关系到最后的成败，换句话说，弯道是超越对手的一个重要契机，实际上企业发展也是如此，要想打败竞争对手，以小搏大，以弱胜强，只能在转弯时下工夫。在李彦宏看来，求新、求变就等于车转弯时的油门，在自己的优势领域进行创新就等于看清路况、打稳方向盘，只有多个方面娴熟配合好，才可能超越对手，成为最先到达终点的胜利者。

▲ 要比别人看得更深刻

2011 年李彦宏在南开大学的演讲中，和广大学子们分享了自己的创业心得："第一你要专注，第二真把它扎下去，扎深。没有人能够比你看得更深刻，这样你才有创新。"与经常活跃在各大媒体上的马云相比，李彦宏显得十分低调，他对创新的理解也依然保留着工程师的实在朴素风格，在他看来，"别人没有看到的你看出来了，别人没有想到的你已经做出来了"，这就是创新，而且是非常有价值的创新。

在回国发展前，李彦宏就看到了搜索引擎行业的发展在中国，当时微软没有看上搜索这块蛋糕，谷歌还未进驻中国，在其他人都没意识到中国搜索领域的大发展时，李彦宏就已经深刻地看到了这一点，这就是创新。

2008 年金融危机席卷全球，很多互联网公司都在收缩战线，以尽可能减少对企业经营的影响，顺利度过这场危机，但李彦宏却看到了金融危机给搜索引擎推广带来的良机。随着电子商务以及互联网在整个社会的普及，中国的网民数量呈现爆发式增长，早在 2008 年 CNNIC 发布的网民数据就显示中国的网民数为 3.38 亿人，如今更是早已经超过了 6 亿人大关，这对于包括百度在内的所有互联网公司来说，都是一个非常广阔、庞大的市场，正如李彦宏在回国前所预测那样，搜索的市场在中国，搜索的未来同样也是在中国。

创新就是要比别人看得更深刻，2008 年金融危机期间，百度不仅没有停止自己的发展步伐，反而是在产品、技术、研发、渠道等各个方面做好了"紧抓机遇，弯道超车"的准备。

在李彦宏看来，金融危机下潜藏的机遇十分难得，越来越多的企业将引入在线营销，且更重视营销的效果和投资回报率，在在线营销推广方面，百度作为当时最大的全球中文搜索引擎，必定能够大有所为。

此外，李彦宏为了保持百度的创新优势，依然大力进行技术研发投入，在金融危机的背景下，不仅没有削减研发投入，反而持续增加技术研发上的投入比率，正如他在很多场合一直强调的那样，"大多数人都低估了技术的力量"，李彦宏一直都在用他的实际行动来坚持技术创新。

李彦宏不止一次强调，创新是一件有风险的事，对此他诚恳简洁地告诫每一个创业者："作为一个创业者，你要冒险，但是冒什么险，你要计算这个风险有多大，这个风险如果随便一个人去做，你有什么优势能够比别人的危险小。"做任何创新之前都是要计算的，李彦宏就是靠着这种计算，靠着自己比别人更深刻的认识，才最终攻克了重重困难，带领百度创造了今天的互联网帝国。

【创新启示】

别人在这个点上求新、求变，你也同样在这个点上想求变，这不叫创新，而是模仿。在李彦宏看来，创新就是要看到别人没有看到的发展机遇，发现别人没有发现的商业价值，当所有人都蜂拥而至在某一点上创新时，说明最好的创新时机已经过去了。作为一个有远见的企业管理者，一定要善于发现、善于思考，要养成高瞻远瞩的决策习惯，学会从行业的整个发展趋势去预测市场，预测行业的未来发展方向，只有这样才能找到最有创新价值的领域，并始终走在行业创新的最前沿。

▲ 创新的目的是满足用户的需求

不少互联网公司在创新道路上很容易走入"唯技术论",追求最好的技术、最复杂的产品,实际上这是一个很大的创新误区,创新的目的是满足用户需求,如果丢失了这一点,即便研发出来的技术很高超,但如果不能放入市场被广大用户接受,那么也毫无意义,这样的创新只能生于实验室死于实验室,根本无法转化成实际可用的生产力,如此一来创新又有什么价值呢?

李彦宏在创新上的出发点很简单,那就是做出来的东西让人家能用,而且要觉得好用、喜欢用。早在硅谷做程序员时,李彦宏就在思索技术创新的问题,当时微软早已经是全球互联网领域中的黑马,但伴随成功而来的还有很多争议,不少媒体公开批判微软的技术很差劲,在这种批评的声音中,李彦宏突然意识到:技术上的最优秀成果并不一定能完全市场化,能够被广大用户接受的也并不一定是最好、最复杂的技术,技术唯有与商业结合才可能发挥出更大的价值。

如今,不少大企业为了创新都喜欢搞研究,百度发展到今天这样的规模却从未设立任何专门的研究所、研究院。

作为百度的掌舵人,李彦宏一直是一个喜欢新事物,推崇创新的IT人,但这并不意味着他不在意创新风险,正是因为常在河边走,所以他比任何人对创新的风险都更敏锐、更清醒。随着百度的快速发展,有不少人开始提议建研究院，全球顶级的 IT 企业都有非常像样的、非常有规模的研究院，我们百度要不要做一个这样的东西？百度是一定要创新的，而且在技术研发上的资金投入也非常惊人。既然想在竞争中立于不败之地，那么是不是也要像全球顶级的 IT 公司那样设立研究院呢？这成了摆在李彦宏面前的一个重要选择。

为了把技术创新做到更好，李彦宏专门将自己原来在美国硅谷的老板，全球顶级的搜索引擎专家请过来，一起讨论技术创新上的问题，经过反复思考和权衡，李彦宏最终否定了设立研究院的提议。"我的观点是我们不能建立研究院，实际上去建研究院，用研究院的方法做创新的这些 IT 相关企业，我见到的下场都不好。"

做技术创新是冒风险的一件事情，作为百度的首席执行官，李彦宏要做的就是把这种风险降到最低。在互联网行业，确实有很多大公司、大企业专门设立研究院用于技术创新，但正如李彦宏所说，"很多创新者的下场都不太好"。

如今苹果的大名早已经路人皆知，但又有几个人还记得施乐公司的研究院呢？施乐公司的研究院曾一度非常著名，这个研究院在计算机领域有很多创新，其中不乏改变整个 IT 产业的发明，但遗憾的是这个发明被苹果公司拿去使用了，施乐没有从中获得应有的收益，反倒成就了苹果今天的江湖地位。施乐公司的前车之鉴，让李彦宏放弃了设立研究院的创新策略。

既然创新是为了满足客户的需求，那么站在市场的角度进行创新岂不是更有效率？为此，李彦宏将创新与应用同时捆绑在市场这艘大船上，随时接受市场检验，随时按照市场需要来调整创新方向。事实证明，这

种创新模式远远要比研究院更商业化，也更容易产生市场价值。

为了让百度一直保持对市场的创新敏感度，李彦宏在公司内部实行自由化的校园式管理，没有严格的上下班时间，没有明显的上下级关系，只要有好的点子随时可以上报讨论，再加上百度"用人年轻化"的人力资源宗旨，这家规模不小的公司依然保持着创业公司一样的创新活力和发展动力。

【创新启示】

一定要做有价值的创新，所谓有价值，即能够被市场接受，能够被广大用户认可且喜欢。研究所、实验室里的创新往往是抛开市场、去商业化的，这样的创新往往并不一定能够顺利转化为可以被大众接受的产品或服务，企业在进行创新时，一定要避免抛开市场、抛开用户的唯技术化陷阱，毕竟技术是为了更好地服务于人，服务于广大互联网用户。如果只是为创新而创新，那么也就丧失了创新的目标和方向，其所产生的市场影响力也必然会被局限在实验室中而无法大规模应用。

第九章

李开复：创新重要，有价值的创新更重要

▲ 创新的常规是打破常规

从谷歌全球副总裁、大中华区总裁到创新工场创始人，李开复在互联网行业中的职业轨迹一直被大众所称道。对此，有很多人疑惑：全球顶级互联网公司的高层管理人员，这可是数不清的互联网从业者一辈子都难以企及的高度，李开复为什么要辞职呢？

在 2015 年 5 月的创投盛典上，李开复讲道："从全球来看互联网肯定是美国领先的。如果我们看一下今天的市值，美国大概占有全世界所有互联网公司三分之二的市值，中国占剩下的三分之一的三分之二……"尽管中国的互联网产业与美国还存在非常大的差距，但未来的发展却是不可限量的。

创新改变世界。在李开复看来，创新的常规就是要打破常规，互联网的发展并不是技术越先进发展越好，如果抱着这种简单粗暴的想法来做决策，那么很可能会南辕北辙，当绝大多人对美国的互联网技术顶礼膜拜时，尤其要保持清醒，因为任何创新的东西、思维、想法都是不融于世的，都是与大众常规思维格格不入的。

李开复从来都不是循规蹈矩的人，他很擅长打破常规，当初在卡内基梅隆大学计算机学博士毕业后，本可以轻松走上人人艳羡的"助理教授——副教授——教授"的道路，可他却毫不犹豫地放弃了终身教授的追求，毅然决然地应当时苹果公司副总裁的邀请，加入了互联网这个生

机勃勃的行业。

是写一辈子学术论文，还是用产品改变世界？一个是既知的稳定人生，一个是未知的职业前途，但李开复本人却选择去实现"世界因你不同"的梦想，这种选择本身就是打破常规，跳出惯性思维的表现和明证。

在李开复看来，创新的最大障碍就是思维定势，固定的思维模式会限制我们的思考方式，从而使得大多数人按照既定的轨道"运行"。所谓创新，就是改变原来的思维方式，改变原来的行动轨道，只有偏离了常规，才能打破常规，从而开辟出一条通向成功的新路径。

互联网的顶尖技术在美国，用常规的眼光来看，美利坚是互联网的领航者，但摘掉常规眼镜，后起之秀的中国才是互联网的商业蓝海。首先中国人口基数大，用户数量多，因此不管是互联网还是移动网络、电商，其规模要比美国大得多；其次，中国互联网创业者都非常拼命、努力，用李开复自己的话来说"全世界可能没有一个上市公司的 CEO 像雷军这样已经做到 45 亿，还每天工作 18 个小时，还这样拼命去做……"

互联网经济讲究的是规模效益，在美国是这样，在中国同样是这样，巨大的市场，庞大的用户群，再加上像小米、腾讯、阿里等不断拼命努力的企业和创业者，中国的互联网行业发展前景是非常光明的，李开复也正是打破常规思维，看到了这一点，所以才会毅然决然从谷歌全球副总裁、大中华区总裁位置上主动辞职，并创办了自己的"创新工场"。

尤其是对于创业者来说，打破固有的思维模式非常重要，乔布斯之所以被人们推崇，是因为他打破常规，创造性地推出了 IOS 系统。如今，国内的互联网行业已经进入白热化竞争状态，要想在这样的背景下超越对手，唯有创新一条路可走。正如李开复本人谈及创新经验时所说，"一定要洞悉未来，敢于打破常规"，庞大的用户群、广阔的市场空间从来都不会留给守旧者，打破常规才能缩短你与成功之间的距离，帮你成为第一个到达终点的人。

【创新启示】

    规矩、规则、经验能够使我们的工作更科学高效，帮助企业运营变得井井有条，但如果所有事情都按照既定的常规来做，不关注外部变化，那么迟早都会成为一条僵死之虫，规模再大也刹不住走向颓势的脚步。不管是创业还是管理企业，都不能太过于规矩，要学会不遵常理，打破固有的思维模式，反面看问题，只有这样才能让整个企业保持创新活力。思维引领科技，脑洞大开了自然不怕没有好想法。

▲ 不盲从就是一种创新

人是社会性群居动物，这种群体安全的意识深深铭刻在每个人的基因和骨血中，往往会在我们无意识中影响其决策和行动。原始狩猎时代，从众可以帮助我们获取猎物，但在现代商业领域，从众却是成功的大敌。

李开复在和年轻人谈到自己的成功经验时，曾十分有针对性地指出："很多毕业生择业只看薪水高低，和同学攀比，受父母压力。但是，最热门的选择不一定能够适合你。最高薪的工作不见得学到最多。如果乔布斯从众，也许会成为惠普的销售员；如果比尔·盖茨听父母的，也许会成为一个律师；扎克伯格如果向钱看，也许会成为谷歌工程师……"在商业领域，盲从不仅没有多大的积极作用，反倒是一种埋没自身的危险举动。

其实，在李开复的人生字典中，创新的含义很简单，不盲从本身就是一种创新。中国的企业家们往往都喜欢雇佣自己能够管得住的员工，但李开复在组建创新工场团队的时候却并没有盲目遵循这一原则。在他看来，人才能不能管得住不是重点，重点是一定要招一流人才，一流人才招一流人才，二流人才往往招聘三流人才，一旦降低了人才质量，公司必然会变得不入流，如此一来，还谈何发展？

2013年李开复确诊淋巴癌，因此暂时离开创新工场治病休养，在长达17个月的养病期间，他大胆放权，除每周一天的视频会议外，所有事务均交给团队来做。很多企业家不愿意放权，即便自己无力管理，也会安排亲属等亲信进行管理，但李开复养病期间却并没有盲从于这种管理方式。事实证明，李开复这种大胆放权的创新管理方式是非常高效的，17个月里创新工场的投资金额涉及一亿多美金，投资项目多达八九十个，项目发展状况均良好，个别项目的估值甚至上涨了几十倍。

李开复回归创新工场后，对自己团队的表现也非常满意，甚至公开打出100分满分，"我觉得是打100分的，团队真的跟我想象得一样棒，而且我们的创业者和我们的投资者也看到了这一点"。

不盲从传统意义上的管理，不盲从于掌控权利，李开复用不盲从的态度走出了一条新型的管理路子。回到创新工场后，他并没有收回权利，加强自身对企业的控制力，而是将精力投入到更擅长且有兴趣，并能够给工场加分的事业中去。在接受外界媒体采访时，李开复非常坦诚地表明了自己的态度："他们能做好，未来他们应该继续享有同样的权利，不要因为我回来就有所改变。"

很多企业一直喊着创新的口号，但在实际行动上却以老板马首是瞻，企业的创新不是老板一个人的事，而应该是整个团队的事。身为管理者，必须要想方设法创造求新、求异的文化氛围。要知道一群盲从、守规矩的员工是不可能具备创新能力的，员工再多也不过是乌合之众，李开复的团队人员不多，只有50多人，但他们个个都是一流人才，个个都是不盲从又独立思考的精英，也正是因为如此，才能在李开复长达17个月的养病期间将创新工场发展壮大，据此不难看出创新所蕴含的巨大潜能。

【创新启示】

　　不管是创业者还是管理者，都不能一边沿着别人的脚印前进，一边指望创新出千载难逢的发展机遇，盲从与创新从来都不可能同时出现，如果不想被竞争对手甩下，那么从现在开始独立思考吧！一个真正的创新者，不会因父母的反对声而停止创新，不会因其他创新者的失败而气馁，更不会因眼前的利益、一时的攀比而放弃。李开复身上的不盲从精神，从本质上来看也是一种颠覆，非常值得我们从业者借鉴和学习。

▲ 打造自己的创新工场

对于李开复来说，2009 年是一个很特殊的年份：这一年是他职业生涯的第 20 个年头；这一年他主动辞去了谷歌全球副总裁、大中华区总裁的职务；这一年他开始创办自己的创新工场……

在互联网行业中，李开复绝对是一个值得广大从业人员崇拜的职场典范，他的职业足迹遍布苹果、SGI、微软、谷歌，并成功进入高端领导层，能够在这些世界一流互联网公司做高管是很多人的梦想，但李开复本人并没有因此而停下脚步。在 2009 年 9 月北京的新闻发布会上，他坦言："过去半年来，我的心中总有一种急迫感，心中常有个声音告诉自己：是开始职业人生新篇章的时候了。经过反复思考，我决定在北京创立创新工场。"

关于创新工场，早在创办之前，李开复就已经形成了自己的基本设想，即把这个"工场"打造成一个全方位创业平台，一方面可以帮助年轻人成功创业，另一方面可以培育更多创新人才和高科技型企业。

创办公司首要解决的就是资金，尤其是像创新工场这样一个投资类的创新孵化项目，不过李开复在融资方面并没有花费太多力气，他的创业计划先是得到美国中经合集团创始人兼董事长刘宇环先生的 500 万美金，随后又获得了俞敏洪、郭台铭、柳传志、陈士骏等知名企业家的投资，此外还得到了北京市政府的鼎力支持。

创新推动科技，技术改变生活，李开复融资之所以异常顺利，与该项目以创新为核心的经营理念有着非常密切的关系，实际上不光是李开复，包括柳传志在内的很多互联网人士以及商业精英早都认识到了创新与技术的力量，这也正是他们愿意投资创新工场的重要原因之一。

工场创立之初，不少人都认为它就是一家风险投资公司，但在李开复看来，创新工场并不能单纯用风险投资公司来定义。

首先它的投资领域只限于信息产业，即互联网、移动互联网等，且选择技术作为起点和支点，在选择投资项目时，以甄选出最优秀的创意、创业者为目的，这就使得创新工场成为一个很好的创新孵化地。

其次，李开复希望建立的是"天使投资＋创新产品构建"的全新创业投资模式，不仅会给创业者提供资金支持，还会提供经验、关系、背景、风险跟踪、管理等多方位的支持，从而提高创业成功率，降低失败风险。

不管是对于广大缺乏资金的创业者来说，还是对于整个互联网行业发展来说，创新工场的创办都是一件非常值得期待的事。从以上两个层面来讲，创新工场并不是一家只以赚钱为目的的投资公司，更是一家致力于孵化创意的创新型投资公司，或许这也正是创新工场颇受互联网人士追捧的一个重要原因。

如今，创新工场的投资项目已经有200多个，投资总额超过了4亿美金，经过短短几年的发展，就形成了如此大的投资规模，由此也不难看出，创新工场的商业投资模式是符合社会创新潮流的。

【创新启示】

　　人的一生会面临很多重大选择，有人会为自己现有的成就而沾沾自喜，有人会被眼前的鲜花掌声迷失了前进的方向，但李开复从没忘记"世界因你不同"的梦想，他远赴海外求学，辗转华尔街、硅谷，从苹果到谷歌，一路走来始终不忘"用技术创造奇迹"的初衷，也正是他对创新的坚持，对技术的认同，最终促成了创新工场的诞生。不管是个人还是企业，都不能在已有的成绩上欢呼，不断创新，不断挑战自己，颠覆自己，才可能创造出改变世界的奇迹。

▲ 以人为本是企业保持持久创新力的关键

21 世纪的竞争归根结底是人才的竞争，一个企业要想永葆创新活力，没有一群具备创新潜力的人才是不行的。李开复曾在苹果、微软、Google 三家世界顶尖公司工作，对于人才的重要性有着十分深刻的感悟。

"无论你的脾气怎么样，一定要信任、放权给你的团队，以人为本，管理他人就像你希望如何被管。"李开复的这番言论并非只是说说而已，在管理创新工场的过程中，他确实做到了信任、放权。确诊淋巴癌后，由于身体原因，李开复离开创新工场接受治疗，从离开到重返，历时长达 17 个月，很难想象在如此长的时间没有领导者的指挥，公司依然能够井井有条地运转，更不可思议的是，创新工场在李开复治病期间还保持了高速运转的良好发展态势。

很多企业家、管理者对"群龙无首"都会存在极大的担忧：担心领导者不在，公司会"树倒猢狲散"；担心"大王"不在家，"猴子"趁机称霸；担心公司内部展开"争权"派系之争，因"内耗"而降低竞争力……从创新工场的管理来看，并不是所有管理模式都存在这种弊端，在李开复离开的 17 个月中，公司运转非常良好，李开复对自身团队的表现也非常满意。

为什么脱离了领导的控制力，公司依然能够表现良好呢？实际上，这与李开复"以人为本"的管理方式是分不开的。李开复将自己"以人为本"的管理经验归结为三个关键点：

一是要用希望被管的方法管理人。与计划经济时代的人才分配不同，现代社会每一个聪明、能干的人都有非常多的机会，如果公司的管理方式招人讨厌，那么即便公司提供的收入高也无法阻止人才外流的发生。作为管理者，一定要站在被管人的角度去管理。员工不愿意被管得死死的，那就尽量少管；大家不情愿每天按点上下班，那就实行自由八小时上班制；上下班交通占用时间过多，那就适当允许员工在家中办公……

二是要信任、放权给有潜力的人。大家所熟知的苹果公司在对人才的管理上也遵循了放权原则，据李开复透露，苹果现任总裁脾气很暴躁，但对信任的下属期望很高，也敢于放权，"我一个大学同学跟我说'我们这么怕斯蒂夫，不是怕他骂我们，而是怕辜负了他对我们的信任'"。很多管理者不舍得放权，不敢放权，担心下属会以权谋私，其实从人本的角度来讲，能获得上级的信任是一件非常自豪的事情，以权谋私的事情有，但都是少数，绝大多数人都会很珍惜。

三是要指点出团队的发展方向。一个优秀杰出的领导人，不应该是一个埋头于具体工作的人，而应该是一个高屋建瓴能够掌控团队发展方向的船长。在人才管理方面，不仅要能挑选出优秀的人，还要善于发现每个人的所长，将他们的潜力挖掘出来，使其独当一面。用李开复自己的话说，就是"作为老板，我的工作是培养、孵育，让每一个人都成为很有潜力的人"。

诚然，不同的领导者、管理者有不同的管理风格，有人属于暴君，

有人则是诸葛亮式的智囊型，但不管怎样的管理风格、领导方式，要想让企业保持创新活力，拥有持续可发展的创新力量，就必须坚持"以人为本"的原则。

【创新启示】

不管创新的主体是公司、研究所还是专门设置的机构，本质上的竞争都是"人"。一个人的创造性是非常宝贵且脆弱的，在封闭死板的管理环境中，再有创意的人也会和王安石笔下的仲永一样"泯然众人矣"。以人为本是企业保持创新能力的关键，正是因为深谙这一点，李开复在创新工场的管理上采取大胆放权的办法，培养出了一批具备创新能力、独立业务能力的团队成员。事实证明，"以人为本"的授权式管理方式是可靠高效的，广大企业和管理者不妨多借鉴、学习。

▲ 有用的创新更重要

创新的核心在于一个"新"字，只要是新颖的东西就值得尝试，这是大众对创新的主流认识，实际上这种认知是非常狭隘的，稍不留神就会走入新颖但缺乏实用价值的歧途。技术论很容易成为互联网行业创新的绊脚石，被大众称为"创业之父"的李开复也曾经犯过这样的错误。

"许多人认为创新最重要的元素是新颖，但我认为创新的实用价值更应着重考虑。"李开复对创新的这一深刻认知，并不是浅显理论层面的说教，而是在SGI工作期间创新失败后的领悟与升华。当初他曾牵头开发过一个三维浏览器的产品，如今不管是国内还是国外，这款产品都没能热起来，我们也只能从互联网的发展历史中找到它的痕迹。在一次采访中，李开复曾回忆过这款失败的产品，"在三维视图里访问互联网，像玩游戏一样，从一个网站链接到另外一个网站的操作，就像从一个房间走进另一个房间那样逼真"，根据如此详细的描述，我们不难想象这是一个多么有创意的产品，但为什么没能大规模流行起来呢？

不管是软件产品还是硬件产品，都是为用户服务的，这是它们存在的最根本价值，如果没什么使用价值，即便很有创意，即便采用的是最新、最高端的技术，也必定无法打开市场。这款三维浏览器产品之所以失败，很大程度上是因为背离了用户使用浏览器的初衷。人们访问网页是为了获取信息，关心的是获取信息的效率，比如：信息丰富不丰富，

信息是新还是旧，获取有效信息所花费的时间等。三维浏览器虽然能给用户很好的搜索体验，却大大阻碍了有效信息的获取，降低了获取信息的效率，这样一个无用的漂亮累赘，自然难以赢得广大用户的好感和青睐。

对于李开复来说，这是一次惨痛的创新体验，但同时又是一次对创新的深度探索，自此以后，在产品创新、技术创新等层面上，他更注重实用性，同时兼顾可执行性。

与传统行业相比，互联网是一个更强调创新的行业，尤其是在技术改变生活的 21 世纪，尤其是在当今这个行业竞争白热化的时代里。

在李开复看来，一个企业要想在竞争激烈的市场环境中生存下来，创新是唯一可持续的发展动力。QQ 之所以能够迅速聚集大规模用户，就是因为这种创新的社交方式对用户来说很有用。百度之所以能够成为全球中文搜索引擎的老大，也是因为搜索技术上的创新是广大用户急需的。搞创新不能想当然，必须要建立在有用的基础上，李开复在《做最好的自己》一书中也曾写道："创新固然重要，但有用的创新更重要。"

如今，几乎所有的互联网公司都走在创新的路上：营造自由、活跃的工作氛围；给技术创新、产品创新提供最有利的资源支持；组建专门的创新团队……创新的方式很多，创新的方向也是五花八门，但不管是巨头还是刚刚成立的创业小组，都在思考同一个问题：怎样才能做最好的创新。

作为大众公认的创业楷模，李开复在丰富的工作实践中将创新总结为三个关键点：新颖，有用且具有可行性，对于广大致力于创新事业的人们来说，遵循这三点可以帮助我们成功避开创新时遇到的各种陷阱，进而人人提高创新成功率。

【创新启示】

　　组织了大批技术人员，花费了不少科研经费，终于实现了技术上的创新突破，可最后无法大规模市场应用，不少互联网公司在进行产品或技术创新时都犯过这样的错误。在进行创新时，千万不能只站在技术的角度上去想问题，而是要学会转换角色，从用户、使用者、消费者的角度去思考：什么样的创新才能给用户带来便捷，大家更期待怎样的产品和服务……唯有重视用户，强调实用性，才能避开创新无用的陷阱，避免创新资源的浪费，从而将更多的人力、物力、精力集中到有用的创新领域，快速提高企业的创新效率。

▲ 创新是为了成为更有价值的公司

近十年来，中国互联网行业发展十分迅速，并诞生了一系列创新成果，但就全球范围而言，美国依然是互联网技术创新的领跑者，李开复曾在苹果、谷歌等全球顶级互联网公司担任高层管理，这样的职业背景注定他有着超乎常人的国际创新视野。

美国的 eBay 是付费模式，中国的淘宝则是免费模式，这是经营模式上的创新；美国的 MSN 是英文社交产品，中国的 QQ 则是中文社交产品，这是产品细节上的创新……中国的互联网人在创新方面也有不少可圈可点的地方，但在李开复看来，还远远不够，创新的目的不仅仅是企业自身的可持续发展。要想做世界一流的公司，首先要站在全球的行业高度和视角上，借助创新做更有价值的事情，只有这样才能提升自身竞争力，抢占国外互联网市场。

从世界范围来说，中国有庞大的用户规模，有巨大的商业市场，尽管互联网最早兴起于美国，但毫无疑问，互联网的未来在中国。如今淘宝、京东等电商龙头已经走出国门，与国外公司开展深度合作，为国内广大消费者提供来自各国的商品，华为等硬件商也正在跨国主义的道路上快速发展。对于广大互联网公司来说，光在国内领域做好创新已经远远不够了，还要在世界领域内领先。

公司价值的高低是关系竞争成败的重要因素，李开复十分推崇"创造更有价值公司"的目标与追求，他本可以在谷歌全球副总裁、大中华区总裁位置上继续做高管，却选择了主动离开。李开复离开的原因很简单，即借助创新的力量做最有价值的事情。

创新并不是一蹴而就的事情，它需要细致的观察力、灵感火花的闪现、长期的技术积累、漫长的开发过程等，这就注定创新是一个漫长的过程。在李开复看来，这样的客观环境下，进行某一项或某几项技术创新，远不如成为一个创新孵化型公司更有价值，正是抱着这样的想法，李开复于2009年9月创办了创新工场。

创新工场的经营目标是培育创新人才，孵化新一代高科技企业，李开复带领自己的团队筛选互联网行业的创新点子，对于有潜力的创新项目、独立创业人等给予资金、市场背景、行业人脉、经营管理等多方面的扶持与帮助，从而加快互联网行业的创新进程，增强国内互联网企业的创新竞争力。

在创新工场的创办以及经营过程中，李开复也遇到了一些问题，比如很难找到最好的创业者，因为他们隐藏在民间，且行事多比较低调，没有什么关注度，也不会主动找创新工场寻求帮助。"你不能打开门说，把你的简历和商业计划寄过来吧……他们只会在自己感到适合的时候才联系你……"李开复和他的团队很大一部分精力用在寻找优秀的创业者方面。

一个更有价值的公司，不能等到迫不得已的时候再去创新，而是要时刻做好主动创新的准备，在创新工场的内部会议上，李开复反复和自己的团队强调："不要来办公室，应当走出去，与当地有前途的创业者会面。参加各种活动，向人们征求商业计划。"

创新工场从创办至今不过短短几年，便已经在互联网行业大名鼎鼎，这与李开复主动创新、主动出击的企业理念有十分紧密的关系。随着中国互联网行业的快速发展，走出国门、走向世界已经是一种必然趋势，我们不妨和李开复一样，站在全球行业的制高点，用创新引领企业的前进方向，用更有价值的公司去占领更为广阔的全球市场。

【创新启示】

对于一家公司来说，一次成功的创新可以迅速帮助其跻身行业前列，但大多数管理层和创业者都忽视了创新的失败率。在创新的过程中，一定要对失败风险进行控制，在将创意投入实际创新工作之前，要做尽可能充分的准备，做好提前的紧急情况预测和应对方案，找准创新的正确方向，做好了这些才能提高创新成功率，从而成为更有价值的、世界一流的公司。

▲ 树立新的价值理念

伟大的发明往往是从奇思妙想开始的，人类渴望像鸟一样飞翔，所以发明了飞机，渴望像鱼一样在水中游来游去，所以研发出了潜水艇。其实，创新也是一样，任何了不起的创新项目都是从新想法、新价值理念开始萌芽的。

在日常工作中，创新是李开复非常喜欢讨论的问题之一，在他看来，创新的第一步就是树立新的价值理念。传统价值理念是社会的主流，但这恰恰成为束缚人们思维的无形框架，在这样一个规规矩矩的框中，创新就会变得异常困难，倘若能够突破这个障碍，用新的价值理念引领自己的视角、思维，那么整个世界都会变得不一样起来，创新自然也就会容易得多。

李开复从不是一个循规蹈矩的人，他一直有一套属于自己的行事风格，在卡内基梅隆大学学习期间，他开发奥赛罗人机对弈系统，并成功击败人类世界冠军，机器虽然是死的，缺乏人脑灵活的应变能力，但只要程序设计的够精密，同样能够战胜人脑，当时还是 20 世纪 80 年代末，人们对于计算机的认识还比较模糊，绝大部分人都认为机器无法战胜人脑，但李开复却恰恰相反，他区别于主流意识的价值观，促使其在计算机领域扎扎实实搞研究，一点一点搞创新，并以世界上第一个非特定人连续语音识别系统成功从卡内基梅隆大学博士毕业。

在苹果和谷歌工作期间，李开复同样热衷于创新，在 Windows、Office 以及谷歌地图、谷歌搜索、谷歌翻译等领域取得了一系列成就，不过他认为"中国创新不会以苹果公司和谷歌公司的方式来进行，而是以中国企业家所擅长的'迭代式创新'的方式"。

李开复创办创新工场的意图就是为了孵化出更多像马云、马化腾这样的迭代式创新的典范，互联网是一个年轻的行业，更是一个淘金主战场，在这个领域有无数闻风而来的创业者，他们的创意并不一定能实现，事实证明失败的风险非常高，在这样的背景下，树立新的价值理念就变得十分重要。

作为行业内公认的"创业之父"，李开复对创新有着更深刻的理解和感悟，没有方向就没有进步，没有旗帜就容易在创新的途中迷路，创业者缺乏资金、行业人脉等都不可怕，可怕的是缺乏价值理念的引领，这也正是创新工场为广大创业者提供管理、经营、文化等多方面帮助的最原始初衷。

创新工场成立至今已经投资了几十家创业公司，在此期间，李开复一直扮演着创业者兼投资人的双重身份，经历了五六年的打磨之后，李开复找到了创新受阻的核心因素。在他看来，创新受阻主要出在理念上，思想理念上的守规矩是创新的最大阻力。

一个全新的价值理念的建立并不是一个短暂的过程，一方面要尽可能的树立新的价值理念，启用新思维、新想法，另一方面"要慢慢来，中国很难实现颠覆性创新，但可以实现跨领域的创新，商业模式的创新，这同样有很大价值"。

尽管规矩的理念在某种程度上是创新的一种阻力，但李开复本人并不赞成短时间内的巨大改革，任何大步伐、急节奏的改革都可能导致系统瘫痪，循序渐进才是比较明智的做法。此外，营造容忍失败、虽败犹荣的社会氛围同样重要，只有允许失败，人们才能在创新的时候没有面子负担，没有后顾之忧，才能更好地从失败中汲取经验、教训，提升创新成功率。

【创新启示】

没有突破性思维，哪来创新？没有新的价值理念，用什么来引领创新？时下，很多创业者、管理者都意识到了创新的重要性，纷纷把精力集中在创新上，大规模投资搞研发，开发新技术、新产品，但一味强调创新的方法，却没有价值理念的支撑，这样的创新能走多久？没有理念引领的创新将会走向何处？一家企业如果想拥有可持续的创新能力，拥有强大的创新竞争力，就必须把新的价值理念先树立起来。

第十章

马化腾：模仿也是一种创新

▲ 创新要站在前人的肩膀上

QQ 的用户很多：注册用户超过 5 亿，活跃用户超过 2 亿；QQ 的业务很多：网游、拍拍、邮箱、新闻……在网络即时通讯工具中，QQ 是市场老大，不过在当年腾讯以及创始人马化腾在互联网行业内的名声却并不怎么好听，新浪创始人王志东曾公开炮轰腾讯，毫不避讳地批评"马化腾是业内有名的抄袭大王，而且是明目张胆地、公开地抄"。

"抄袭大王""山寨起家"……关于腾讯的负面消息很多，在相当长的一段时间里，腾讯、马化腾甚至成了世人公认的"山寨"代名词：QQ 山寨 ICQ，拍拍山寨淘宝，网络游戏山寨网易和盛大，门户网站山寨新浪和搜狐……腾讯旗下的很多业务都曾被指"抄袭"，不过马化腾对外界的种种负面声音却并不在意。

在马化腾看来，创新就是要站在前人的肩膀上进行，QQ 确实借鉴了 ICQ，但最终 QQ 成了老大，ICQ 却被市场淹没，青出于蓝最后却胜于蓝，这就是腾讯成功的秘诀之一。从某种程度来说，模仿也是一种创新力，关键在于怎样模仿，怎样在模仿的基础上进行创新。

任何行业的发展都是建立在前人积累的基础之上的，明明有现成的技术，还非要搞重复发明，这不仅是对人力、物力、资源的浪费，更是一种极其愚蠢的行为。在当今这个快鱼吃慢鱼的竞争时代，重复发明对时间的浪费会导致竞争优势的丧失。站在互联网行业内来看，中国并不

是核心技术产出国，不管是搜索引擎技术、视频技术，还是即时通讯技术、硬件制造核心技术等大多都是从国外引进，从这个角度来说，模仿反倒能够快速发展生产力。

马化腾曾在媒体的公开采访中坦言："十年前，腾讯正是靠模仿国外的 ICQ 起家的。我认为模仿并不丢人，但模仿有两个基本的要诀，第一是选择模仿对象，第二是把握模仿时机。"其实当时模仿国外互联网模式的公司并不在少数，但像腾讯这样成为国内互联网巨头的却寥寥无几。为什么同样的模仿会有不同的结局呢？

模仿对象很重要，模仿三流的技术和公司，肯定成不了一流的公司，在选定模仿对象时一定要有大局观，要站在行业发展的制高点去选定最有发展前景的模仿点。模仿不是单纯地跟着别人脚印往前走，要有自己的路子和目标，否则很容易陷入"画虎不成反类犬"的尴尬境地，马化腾之所以"抄"一个成一个，其根本原因就在于他模仿的目的是创新，是颠覆，用他自己的话说，这叫颠覆型模仿，很多企业在模仿过程中就是缺乏这种颠覆精神。

在市场自由的今天，任何一个行业都是瞬息万变的，互联网行业更是如此，如果不能抓住有利时机，那么即便是自主创新也照样会被市场嫌弃，模仿时机很关键，第二个吃螃蟹的人还有螃蟹可吃，但等到大家都想吃螃蟹的时候再去吃，很可能会无蟹可吃。至于怎样把握模仿的有利时机，一是需要敏锐的商业嗅觉，二是需要丰富的行业见识和经验，三是拥有高瞻远瞩的高端视角，具备了这三方面的能力，把握时机自然就会变得容易。

模仿切忌盲目，不少企业和经营者都爱跟风。看到网络游戏赚钱，于是一窝蜂去做网络游戏；互联网公司都在往手机移动端挤，自己也要去凑凑热闹……实际上，这种盲目的跟风模仿是非常危险的，任何一家企业要想长远发展，都必须要有自己的行业定位和行业优势，"东一榔头西一棒子"的模仿不仅很难给企业带来预期的收益，反而会打乱原本的发展计划和方向，甚至丧失原本的特长和优势。作为管理者，面对形形色色的新技术、新模式，一定要像马化腾一样保持理智和清醒，能够判断哪些模仿是有利的，哪些模仿是无价值的。

【创新启示】

单纯的模仿永远都不可能超越被模仿者，如果想成为一流的公司，光模仿是远远不够的，还要学会在前人的肩膀上创新、突破，在学习模仿的基础上，进行本土化的融合与吸收。纵观整个互联网行业的发展，无一不是在模仿中创新，在模仿中突破，尤其是对于小企业和创业者而言，模仿＋创新是一条很好的发展之路，只有擅长模仿才能快速融入行业主流，只有突破创新才能超越被模仿者，从而领跑整个行业。

▲ 创新就是要做出同类产品没有的优点

21世纪是一个商品极大丰富的时代，同类品的竞争已经达到了白热化，更不用说任何一款商品都有数量相当庞大的可替代品。尽管互联网是一个非常年轻的行业，但经过十几年的发展，同样面临竞争激烈的局面。用户网络购物可以选择拍拍，也可以选择淘宝、京东商城、苏宁易购；用户玩游戏可以选择QQ游戏，也可以选择盛大、网易；用户进行即时通讯可以选择QQ，也可以选择微信……

在这样一个买方市场中，并不是有产品都能有用户，也不是技术够好用户就够多，怎样在数量庞大的竞争品中赢得用户青睐已经成为企业能否生存发展的关键。

从现代商业竞争手段来说，打败同类竞争产品的办法只有两个：一是价格战，在同等质量的前提下，谁的价格更低，谁就更有竞争力，价格战虽然有效，短时间内能够迅速提升市场占有率，但不可持续发展，低利润会造成企业收益下降，发展后劲儿不足等；二是提升产品附加值，人有我优，通过产品在同类品中的独特优势来赢取客户，与价格战相比，这种做法更具可持续发展力。

在马化腾看来，做出市场上其他同类产品没有的优点也是一种创新，尽管QQ是仿照ICQ开发出的一款即时通讯产品，但与ICQ却并不完全相同，QQ更符合中国人的使用习惯，因此反而比ICQ更具攻占中国市场的优势。

早在 2010 年，腾讯的总市值就超过了 400 万美元，不仅是国内当之无愧的互联网巨头，在全球互联网领域也占有一席之地。当外界为马化腾的各种光环摇旗呐喊时，马化腾本人却常常忆起当初创业的艰辛。"那时真是什么业务都敢接。"创业初期马化腾不仅面临产品程序设计、网页、系统集成等技术上的问题，市场和运作上的挑战也同样严峻，起初马化腾打算走运营商的销售路子，但常常被拒之门外，后经过实践摸索，遂将 QQ 放到互联网上让用户们免费使用。

免费使用不到一年的时间里，给 QQ 带来了 500 万用户，这是包括马化腾在内的所有腾讯人都没想到的，不过正如老子所说"福祸相依"，巨大的用户规模带来的还有巨大的财务负担，随着 QQ 用户的迅速增加，服务器也必须不断扩充以保证 QQ 正常运行，对于一个还没有成熟盈利的公司来说，更新服务器设备、人力方面的开支都是非常沉重的财务负担。

任何创新的过程都是非常艰辛的，哪怕是微小的创新，马化腾在模仿 ICQ 的过程中，进一步优化界面，使其更符合中国人的审美以及使用习惯，正是因为具备了比 ICQ 更好用的优点，同时又比手机移动通讯便宜，所以迅速受到了广大用户的欢迎。不过光有用户没有盈利也不行，在 QQ 用户激增的同时，收益并没有增加，因为给用户提供的都是免费服务，但支出却一直在增长，财政危机成了摆在马化腾面前的又一个难题。

一个产品从创新到盈利必定要经历一个发展过程，很多公司都是先砸钱做用户规模，等用户足够多的时候再依托广告、各种附加值项目来

盈利，QQ 的发展也是如此。在遭遇财政危机时，马化腾甚至一度想卖掉 QQ，但最终因无人赏识其技术和无形资产而告吹，随后马化腾开始四处融资，并迅速发展壮大。

QQ 因比 ICQ 更符合国人习惯而红，马化腾深知在同类品中保持优势的重要性，因此他依托 QQ 陆陆续续开发了更多功能：QQ 秀、QQ 宠物、拍拍购物、新闻、QQ 偷菜等。

如今，QQ 早已经从一个名不见经传的小公司成为一个庞大的企业帝国，马化腾更是借助庞大的用户优势成功进入搜索、软件、网游、电子商务等多个互联网领域，由此也不难看出创新的巨大能量。其实在马化腾看来，创新很简单，成功也并不复杂，只要产品比所有竞争对手都多一个优点，那么领先整个行业不是梦。

【创新启示】

纵观整个互联网行业，任何一项服务都存在激烈竞争：搜索引擎有百度、搜狗、360、IE、雅虎等；社交工具有 QQ、微信、微博、论坛等。面对激烈的行业竞争，要想获取更多的用户，就必须要具备竞争对手所不具备的优势，这一点至关重要，至于如何做到人有我优，则只能求之于创新，这也正是广大互联网人极力倡导产品创新的重要原因。

▲ 模仿，最稳妥的创新

不创新会死，但创新往往会死的更快，这是很多中国互联网公司所面临的发展困境。如果是刚刚起步的创业型公司，还能在创新上搏一搏，大公司要创新的话就必须面临巨大的风险：首先必须舍弃一部分现有利润作为创新的开发资金；其次未来的利润收益会变得更加不确定。因此，大公司在创新方面往往非常谨慎，没有明确的、严谨的、周密的验证是不会轻易做出决策的。

和很多大公司一样，腾讯在初具规模后，每一项创新都是踩在刀尖上跳舞，稍不留神就可能因为新业务而滑入深渊，作为腾讯的创始人兼管理者，马化腾的任何决策都必须慎之又慎。

互联网行业是一个瞬息万变的行业，每隔不久都会出现新产品、新技术，一旦落后就会步步落后，不管是大公司还是小公司，要发展都必须坚持走创新这条路，马化腾深知创新的重要性，但他同样深知创新的巨大风险。美国的 Outbox 就是一个典型的因创新而死掉的公司，从开始创新到陨落，在短短不到一年的时间里，这家名噪一时的公司就走入了市场的死胡同，由此也不难看出，创新的风险究竟有多大。

在马化腾看来，模仿是最稳妥的创新，第一款产品 QQ 是模仿 ICQ，拍拍购物是模仿淘宝，QQ 游戏模仿盛大和网易，QQ 秀是从日本引进……纵观腾讯的全线产品，几乎到处都有模仿的影子，也正是因

为这个原因,腾讯和马化腾成为众多互联网公司攻击的对象,"抄袭""山寨"的帽子时至今日依然难以摘掉,不过也正是因为这种"模仿 + 创新"的稳妥做法,腾讯才能从一个小企鹅迅速成长为一个庞大的企鹅帝国。

创新的风险是很难量化的,很多创新项目到后期往往会演变成一个资源黑洞,脱离最初的计划。这时候一旦停工,前期投入的所有资源、人力、物力都会成为沉没资本,前功尽弃;但如果继续坚持下去,无法预知什么时候出成果,不确定创新成果能否改变公司困境,不知道公司的现有资源和资金会不会被黑洞吸空……

被创新项目拖累最后却一无所成的互联网公司并不在少数,资金力量雄厚的只当打了水漂,但对于那些资源比较有限的中小公司、创业型公司,创新一旦失败或创新成果无法达到预期目标,则意味着破产倒闭。

与这种形式的创新相比,马化腾的模仿式创新风险则要小得多,而且更加可控。首先,被模仿者的新产品、新技术已经问世,且能够被市场和大众所接纳;其次,有成功的经验可以模仿、借鉴,创新的周期以及难度、投入等都会大大降低。QQ 的巨大成功正是得益于这种模仿,当时 ICQ 在国外的技术和市场均比较成熟,只是因为不适合中国用户尚未在国内大范围应用,在这样的背景下,模仿 ICQ 进行创新后的 QQ 所承担的风险要比从无到有的创新风险小的多。

事实证明,模仿式创新是最容易成功的,尽管腾讯被扣上了"山寨"的帽子,但马化腾对此并不在意,单纯的"ctrl+c"再"ctrl+v"是没有市场竞争力的,只有站在前人的基础上再进步才能青出于蓝胜于蓝。ICQ 是前辈,但如今中文用户规模最大的还是 QQ,市场证明 QQ 比 ICQ 更受欢迎。企业只要创新就必须承担相应的风险,而模仿则是降低创新风险的速效药，是最稳妥的创新方式，广大创业者以及管理者们要学会在模仿前人的基础上进行突破、创新。

【创新启示】

创新本身是一件充满风险的事情，如果不对风险进行有效的管理和控制，公司很容易会被其拖到破产倒闭的边缘。实际上，要想降低创新风险很简单，一是要提前做好创新项目的调研、计划等准备工作，二是可以像马化腾一样采取"引进模仿＋创新"的稳妥策略，在引进的基础上创新比从无到有的创新要简单容易得多，而且风险低，更容易成功，比较适合决策保守的大企业以及风险承受能力较低的创业者、小企业、工作室等。

▲ 创新就是整合，创新就是运作

人类在漫长的历史中，涌现过很多改变世界的发明：蒸汽机、电灯、计算机、互联网……发明也是创新，这种从无到有的创新会改变整个人类社会发展的进程，不过不管是企业还是个人，想做到这种从无到有式的创新都是相当困难的，在当今这个年代，组合式创新才是主旋律。

腾讯将网游、购物、搜索等集中整合在 QQ 平台之上，这本身就是一种创新，尽管 QQ 从面世以来就饱受"山寨"质疑，但从互联网整个行业来看，没有任何一家公司能够将如此众多的应用全部集中到一个平台，对于腾讯来说，这就是创新，这就是运作。近年来，微信迅速崛起，并借助微信支付和移动端电子商务聚集了大批用户，实际上微信的运营模式离不开整合，如今 QQ 依然是互联网即时通讯工具中的老大，这与马化腾全面开花的整合创新意识有十分紧密的联系。

在 TechCrunch Disrupt 大会上，马化腾曾不惧"抄袭""山寨"等质疑，直言道："这是中国互联网公司必经的阶段，但是不可持续。腾讯最重要的创新是对商业模式进行整合，比如创造了美国都没有的增值服务模式。"

不管是互联网行业还是其他行业，创新的发展都有一定的规律，即：大规模从无到有的创新后，就会进入一个组合式创新的繁荣时期。IT是一个非常年轻的行业，如今大规模从无到有的创新阶段已经过去，互联网方面的技术越加完善，在这样的背景下，马化腾采用模仿＋创新的发展战略是符合创新发展规律的，也正是因为 QQ 在组合式创新中表现突出，腾讯才得以从一家小公司成长为一个巨大的商业帝国。

马化腾在 QQ 的整合创新发展中付出了非常多的努力：引入 QQ 秀、网游等增值业务属于整合式创新；PC 与手机设备可同时登录 QQ，且能互传文件，这也是腾讯团队在整合电脑与移动设备中做出的创新；QQ 保镖、财付通第三方支付软件、拍拍电子商务平台……尽管腾讯的每一项业务都被广大业内人士批评、攻击，认为其 QQ 秀抄袭日本，网游抄袭盛大、网易，QQ 保镖抄袭 360，拍拍抄袭淘宝，财付通抄袭支付宝，但不可否定的是，目前 QQ 是整合创新中做的最全最好的。

"如果不建立自己的创新基因，互联网公司无法继续保持领先地位。"依靠整合创新可以短时间领先，但要想长期领先，没有自己的创新基因是不行的，作为整合创新的成功典范，马化腾并没有因眼前的胜利而丧失清醒和思考。

一位资深互联网产品经理曾这样评价腾讯的产品："几乎腾讯的每款产品都能找出市场上其他同类产品所没有的优点。"这也正是马化腾的高明之处，不管怎样整合，单纯的模仿都难以超越被模仿者，因此腾讯走的是整合＋创新的发展路子，一边整合一边在自身已有的平台上进行创新，多方位整合多种资源，在即时通讯工具中，QQ 的功能是最全的，玩游戏、买东西、杀毒清理垃圾、看新闻、搜索资料……对于广大用户来说，一站式多方位服务非常方便，这也正是腾讯能迅速做大做强的根本原因。

在马化腾看来，"创新有三个层次：技术创新、产品创新和应用创新，

产品和应用层面的创新比较容易被人忽略"。对于广大用户们来说，技术的好坏、技术是否先进都是无关痛痒的问题，他们关心的是好用不好用。只要你的产品能够让用户用的更顺心、顺手，那么即使所采用的技术不是最先进的，也能迅速占领市场。腾讯的成功主要得益于整合式创新，马化腾整合别人的技术做出了更受用户喜欢的产品和应用，答案就这么简单。

【创新启示】

很多创业型公司、中小公司，由于自身实力有限，短时间内很难在技术创新领域取得成效，在这种情况下，与其费时费力搞技术创新，不如将有限的资源集中到产品创新和应用创新的层面，与技术创新相比，这两个层面的创新成本低，也更容易成功，是快速发展壮大的不二之选。

▲ 适合国情的，就是最有创意的

如今，QQ稳坐互联网即时通讯工具第一的宝座，其用户超过了9亿，但很多用户都不知道QQ的诞生源自于一款叫ICQ的即时通讯软件。ICQ诞生仅6个月就成为全球用户量第一的王者，其用户遍布多个国家，当年在国内北京高校的学生们中间也颇为流行。

ICQ的红火并没有持续太长，由于发展前景光明，本身技术也不复杂，同类软件如雨后春笋般冒出来瓜分市场，当时ICQ的语言都是英文，光语言这一个门槛就挡住了国内绝大多数人。在这种背景下，适合国情的QQ诞生了。不得不说，马化腾是一个嗅觉非常敏锐的创业者，当时还只是一个大学毕业生的他，早就瞄准了即时通讯软件的商机，1998年，马化腾在广东创业，模仿ICQ做了一款中国本土化的即时通讯软件，即后来的QQ。

马化腾在模仿ICQ的过程中，充分考虑到了国人的需要，对ICQ原本的功能进行了一系列改造：首先是语言上的突破，QQ是一款中文即时通讯软件，解决了国人使用ICQ的语言门槛问题；其次是功能上的创新，诞生于以色列的ICQ好友信息全部储存在用户端，换个电脑登录，好友们就都消失不见，因此马化腾对这一功能进行了改造，不管在哪登录都可以随时找到好友；再者是产品与应用的完善，QQ改变了ICQ好友在线才能聊天的弊端，离线也能发送消息，而且还可以选择

隐身，还能根据自己的喜好随意选择头像等。

尽管马化腾对 ICQ 的模仿改造并不大，但由于其更适合中国国情，符合中国广大用户的需求和使用习惯，因此 QQ 一诞生就迅速受到网民们的追捧。从 1998 年以后，ICQ 在中国的发展越发举步维艰，连开始积累起来的用户都开始转而使用 QQ。

QQ 的崛起让 ICQ 在中国的失利成为定局，不过 ICQ 并不打算放弃这个广阔的市场，2004 年，《南华早报》刊出一则消息，"全球最大的即时信息（IM）服务公司 ICQ 日前表示，他们目前正积极在我国寻求新的合作伙伴，并希望在未来四年内将其在我国的用户数量增加到目前的 28 倍！"

此后，ICQ 先是谋求与 Tom 的合作，后又与香港电讯盈科合作推出 ICQ5 粤语版，但遗憾的是，依然没能做好本土化。汉化不彻底、满目洋文等问题颇受用户诟病。尽管 ICQ 为了在中国市场扎根发芽花费了不少力气，但一直在市场边缘打转，始终找不到核心突破办法，由此也不难看出，本土化并不是谁都能轻松做到，正如马化腾所说"适合国情，这本身就是一种创新"。

模式创新、强化功能、谋求合作伙伴……ICQ 该做的都做了，功能上也做到了与 QQ 不相上下，但即便十八般武艺样样精通，也错过了进入中国的最好时机，用互联网业内人士的话说，"中国即时通讯市场的天下已经大定了"。

适合国情的，就是最有创意的。QQ 是 ICQ 的模仿版，其之所以可以成功打败师傅，成为中国即时通讯行业的老大，根本原因就是在最恰当的时机做好了本土化创新。如果 QQ 只是简单的模仿，没有本土化的创新，没有商业模式上的创新，那么 ICQ 不可能在这场市场之战中败兴而归。不管我们是否愿意承认，本土化创新的力量确实难以估量。

【创新启示】

近十几年来，中国的互联网产业发展十分迅猛，但互联网的核心技术依然在美国，引进新技术依然是互联网未来发展的主旋律，值得我们注意的是，任何一款技术或产品的诞生都是有一定社会因素的，我们在引进他国的技术或产品时，一定要像马化腾一样充分做好本土化的工作，开发符合国情的产品，只有这样才能迅速超越被模仿者，成为整个行业的领头羊。

▲ QQ 是"拿来"的创新

ICQ 的红火让即时通讯软件行业迅速热了起来，在 1999 年前后，中国互联网行业冒出了一大批模仿 ICQ 的软件工具，除了如今大名鼎鼎的 QQ 外，还有 Picq、Oicq、OMMO 等，连新浪、网易、搜狐等门户网站也都相继跟风开发了同类产品。QQ 于 1999 年 2 月推出，当时名为 OICQ，从推出时机来看，马化腾和 QQ 并没有占据时间上的优势，那么 QQ 究竟是靠什么打败众多竞争者，并最终在市场中脱颖而出的呢？

从 1999 年到 2008 年，短短 9 年，马化腾所创办的腾讯就从一个聊天工具提供商发展成为国内最大的门户社区之一，市场规模更是呈现爆发式增长，达到了几百亿的高度。这样的发展轨迹不管是在国内还是在全球互联网行业，都是凤毛麟角的，因此有人将腾讯与微软并列，认为腾讯很可能会成为中国版的微软。

腾讯成功了，但诋毁之声也随之而来，有相当多的人批评腾讯抄袭，明嘲暗讽马化腾是一个"彻头彻尾的抄袭大王"，但事实果真如此吗？同样是"抄袭"ICQ，新浪的 UC 为什么销声匿迹了，Picq、Oicq、OMMO 等为什么也被市场抛弃了？为什么在众多的模仿者中，只有 QQ 发展壮大起来了呢？

尽管饱受外界争议，但马化腾依然心态良好，并戏称 QQ 是"拿来"

的创新。QQ 是模仿 ICQ 而来，但在很多方面都进行了一系列创新和改进，这才是腾讯打败众多模仿者一枝独秀的根本原因。

腾讯是依托 QQ 聊天软件发展起来的，但马化腾的目标绝不是只做一个聊天软件提供商，他的理想是以 QQ 为大本营，建立一个全方位服务的大型互联网社区，用马化腾自己的话来说，"我们做的这些服务反过来让腾讯的社区有别于其他的竞争对手，现在人们用的 QQ 已经不是一款软件，而是各种各样的服务。如此一来，别人就很难全方位打你。"能在激烈的市场竞争中躲过各种对手的绞杀，腾讯靠的就是"综合性社区"的经营思路，与"师傅"ICQ 相比，马化腾的这种经营思路显然更有创意，发展风险也更低。

每一次模仿都是一次创意的突破，用这句话形容腾讯的"拿来创新"主义再恰当不过，建立会员制将免费服务与增值收费服务分流开来，提供多姿多彩的 QQ 个性化头像设置，收购 Foxmail 增强 QQ 邮箱功能……

马化腾在模仿的同时也在探寻不一样的创新之路，尽管不少业内人士诟病 QQ 游戏是抄袭网易、盛大，但不可否认的是，将即时通讯软件与网游实行绑定经营确实是个"组合式"新点子，拍拍确实模仿了淘宝，但与一个专门化的购物网站相比，QQ 显然志不在此，马化腾之所以推出拍拍，其根本目的是为了更好地为 QQ 用户服务，增加用户粘性，从这个角度来说，拍拍与淘宝有本质上的不同，马化腾在模仿淘宝的同时也在进行模式创新。

随着用户规模的逐渐增长，马化腾可以更随心所欲地推广自己的新创意和新产品，经过多年产业布局，如今，腾讯已经成功建立起 QQ、QQ.com、QQ 游戏与拍拍等多个网络平台，原本单纯的一个聊天工具

提供商也摇身一变成为一个规模巨大的网络社区。

"拿来"很容易，连小孩都有模仿能力，对于众多的互联网精英来说，模仿别人的技术和产品并不难，难得是能在"拿来"的基础上有所创新，马化腾就是这样一个后发制人的创业者，同样是"拿来主义"，他能够化腐朽为神奇，能够借助"拿来式创新"实现爆发式增长，从而青出于蓝胜于蓝，由此也足见创新的重要性。

【创新启示】

在竞争激烈的市场当中，从来不乏模仿者，几乎任何一款受欢迎的产品问世后，都会迅速冒出一批模仿者，没有模仿跟风者的往往是不受用户喜欢的。要想在众多的模仿者中胜出，要想超越被模仿者，成为引领行业发展的排头兵，就必须要创新，在"拿来主义"的基础上创新，这是距离成功最短最好走的路径。

▲ 创新和引入不矛盾

QQ 刚推出时，整个团队只有两个人，一个是马化腾，另一个是张志东，尽管起步时只是一个"草台班子"，不过这并不影响马化腾将创新与引入嫁接到一起。刚开始时，QQ 很粗糙，但仅"中文界面"这一个创新点就迅速在业内翻起浪花。可以毫不夸张地说，腾讯后期成熟的"引入 + 创新"的发展模式，正是来源于马化腾创业伊始的行事方式。

改革开放后，中国企业开始大规模引入国外的新技术、新产品、新理念，绝大多数企业在相当长一段时间都处在"学步"阶段，只引入却并不具备创新能力。互联网是一个起步比较晚的行业，但也是从引入开始的，与制造业等传统行业不同的是，有相当一批互联网人在引入国外计算机以及网络技术时，已经开始意识到创新的重要性，并有意识地在引入过程中进行创新。

马化腾在模仿 ICQ 时进行多方位创新，开发出具有中文界面、可设置个性头像、可进行离线聊天的即时通讯工具 QQ，这是将创新与引入完美融合的成功典范。如今，全球的互联网精英都达成了一个共识，即互联网的顶级技术在美国，但未来的市场在中国。作为腾讯的创始人兼最高领导层，马化腾对国内的创新也有一番自己的见解，他认为，"中国在很多领域是有很多创新空间的，因为我们有庞大的用户和独特的文化，还有丰富的应用场景，这是欧美反而不太具备的"。

不管是马化腾创办QQ的20世纪末，还是在互联网高速发展的今天，国内都有相当多的创新空间，腾讯的成功很大程度上就是在经营模式上进行创新的成果，QQ安装使用全部免费，马化腾依托庞大用户群借助增值服务来进行盈利，这种经营模式本身就与其"师傅"ICQ的盈利模式天差地别。

QQ推出初期，马化腾也曾想像ICQ一样，做一个即时通讯软件提供商，但在寻求客户和合作伙伴时屡屡碰壁，事实证明，ICQ的盈利模式是不适合中国市场的，单纯地引入难以在中国这块市场上存活下来，后马化腾对经营方式进行调整后，QQ经过一系列发展困难，终于走上正轨，事实证明，唯有在引入的基础上进行本土化创新才更具市场竞争力。

创新和引入并不矛盾，相反两者反而能相辅相成，相互促进。如果没有相关技术的引入，那么创新就会变得异常艰难，不仅时间周期长，付出的人力、物力、资金等要翻倍，其成效也会大打折扣；如果只有引入没有创新，那么只能成为单纯的模仿者，没有核心竞争力，容易被其他模仿者替代，还很可能会因为跟不上行业发展潮流而被市场淘汰。引入和创新必须结合起来，马化腾正是因为深谙这一点，所以才能在众多的ICQ模仿者中成功取胜，并做到了青出于蓝而胜于蓝。如今人们不会再因为ICQ记住QQ，反倒是因为QQ所以才知道了ICQ，这就是创新的时间魅力。

马化腾在谈到亚洲的互联网发展前景时，曾公开讲道："现在很多细分领域有大量创业机会，你只要抓到一个很细节的地方，譬如怎么用信息技术提高人们的效率、改善人们的生活，只要能够解决一个痛点，就肯定能成功。"实际上，今天的腾讯依然在不断引入，不断创新，我们有理由相信，在引入与创新的共同推动下，腾讯集团必然会迎来又一个发展巅峰。

【创新启示】

在互联网以及计算机的基础技术层面，中国还远远落后于美国，在未来相当长一段时间，基础技术引入是主流，但这并不代表国外就缺乏创新空间和机会。不管是在游戏动漫领域，还是移动互联网、社交等领域，中国都存在巨大的创新空间，广大互联网公司在引入国外新技术、新产品的同时，一定要善于寻找适合自身的创新机会，只有这样才能后来居上，成功超越欧美等发达国家，成为全球互联网领域内的佼佼者。

第十一章

马云：独特的视角和预见性

▲ 执行力与创新力并存

"创业不能停留在理念与幻想上 idea 可以有无数个，action 只能有一个。"与那些喜欢谈论战略与创意的企业家们相比，马云更看重执行力。对于一个企业来说，创意很重要，但没有一定的执行力，好点子也未必能有出路，在激烈的市场竞争和瞬息万变的行业潮流面前，立刻去干往往比点子更重要。

在电子商务兴起之前，国内的外贸渠道只有广交会等展会，不仅渠道少，还要受控于香港贸易中转，嗅觉敏锐的马云很快发现了商机：广大中小企业急需自己的外贸通道。于是，他决定要在电子商务方面大干一场。

经营领域和方向确定了，怎样具体运作就成了关键问题，关于运作模式，马云提出了类似现在 BBS 的模式，实际上这一模式并没有获得大家的支持，反而遭到了所有团队成员的反对，甚至直接拍着桌子和马云吵，斥责 BBS 这种设计又简单又丑陋，根本不可能融入主流，团队成员反对的激烈程度是马云未曾意料到的。

"只要能发布供求信息，能按行业分类就行，不用搞那么花里胡哨的。"在马云看来，不管 BBS 的设计是简单还是复杂，是丑陋还是漂亮，是符合主流还是不符合主流，只要能让用户方便快捷地使用阿里巴巴就是好创意、好点子，因此经过激烈的辩论争吵后，马云依然坚持己见，

并要求技术人员立即行动起来。

从创建中国的第一个黄页到如今这个庞大的阿里巴巴帝国，马云的成功不是因为创意有多高明，而是他强大的执行力，用马云自己的话说，"阿里巴巴不是计划出来的，而是现在、立刻、马上干出来的"。

不少互联网企业有好点子，也有高明的创意，但执行力却不入流，结果创意和点子迟迟转化不成新产品、新技术，糟糕的执行力往往会使其错失有利的市场时机，创新必须要和执行力结合起来，一流的创意加上一流的执行力，怎么可能不成功呢？不过大多数企业家都太看中创新、创意，反而忽视了执行力，其实一流的点子加三流的执行力，远远没有三流点子加一流执行力更具竞争力。

创新力量是企业的核心发展动力，强大的执行力也是一笔不可多得的财富，在如今这个快于吃慢鱼的年代，你的执行力比别人快一点、强一点，你就能比竞争对手领先一点。马云正是深谙这一点，所以始终强调"执行力与创新并存"，淘宝诞生时，易趣已经一枝独秀，如果没有强大的执行力，淘宝根本不可能打败易趣，成为后来居上的成功者。

也许有人会问，万一团队执行的是一个错误的决定，岂不是做的越多错的越多，对此马云有自己的独到看法，不管是在阿里的内部会议上，还是在公开演讲场合，马云不止一次说过："有时去执行一个错误的决定总比优柔寡断或者没有决定要好得多。因为在执行过程中你可以有更多的时间和机会去发现并改正错误。"不去做，你永远都不知道错在哪里。在创新的过程中，遇到问题和挫折是再正常不过的，如果担心犯错就一直停留在口头讨论上，那么必然会在激烈的市场竞争中成为失败者。

其实，马云成功的原因很简单，他锻造了一支执行力超强的队伍，好的执行力在很大程度上弥补了他决策、创意上的不足，执行力是一个企业生死存亡的关键，如果能将好的执行力与好的创意结合在一起，那么势必会一飞冲天，迅速建立起自己的商业帝国。

【创新启示】

赵括纸上谈兵的故事，相信大家都耳熟能详，但在现实生活中，依然有很多谈到创意就夸夸其谈，说到执行就止步不前的企业家、管理者、创业者。一个思想上的巨人，行动上的矮子注定只能活在会议中，一进入竞争激烈的现实市场就会成为弱者，任竞争对手宰割。光有一流的创意还远远不够，与一流的执行力结合起来，才能大放异彩。马云以及阿里团队的一流执行力，非常值得我们思考和学习。

▲ 似我者俗，学我者死

从一个默默无闻的创业屌丝，到如今坐拥阿里巴巴庞大资产的商业精英，在绝大多数人眼中马云是创业的成功典范，他的成功经验也是众多创业者争相学习的对象。模仿马云进入电子商务的人有之，疯狂学习马云成功之道的人有之，但他们真的能学到马云成功的精髓吗？

对此，马云在一次采访中直言："似我者俗，学我者死。"这句话并非马云首创，而是出自于唐朝书法家李北海，从某种程度来讲，书法和经商有着异曲同工之妙，模仿名家的字只能把字写好，但不一定能成为书法家，经商也是如此，在马云看来，"如果做一个企业和我做得很像的话，那你就是一个庸俗的企业家；如果要学我走过的道路，完完全全模仿我的话，那你会死得很难看"。

马云的这番话看似十分狂妄，但细思却十分有道理：淘宝很火，模仿马云建立网上商城的人不在少数，但谁也没能火过马云，绝大多数都是昙花一现后死掉了；QQ很火，当初模仿ICQ的人有那么多，但不管是Picq、Oicq还是OMMO，最后都销声匿迹了；网游很火，但盛大和网易始终都是龙头老大，那么多模仿者也没有一家能超越；海底捞很火，尽管只是一家餐馆，但没人能再做出一个海底捞……正如《海底捞你学不会》一书的书名，并不是所有成功精髓都能够轻易被学会。

阿里和海底捞虽然是两个企业，但经营的都是理念，是一种独特的价值观，商业模式可以学习，互联网技术可以模仿，公司团队可以随意组建，可是理念、价值观这种无形的东西却无从学起，也正是因为如此，马云才会引用书法家李多海的"似我者俗，学我者死"。

从阿里巴巴成立至今，马云一直保持着对失败的高度警惕，他面对未来没有过多的计划和规划，确定了大方向，就避开各种陷阱小心前进。阿里成立初期，马云到处推销自己的网上集贸市场，实际上当时他并没有想清楚要怎样去盈利。随着阿里的逐渐壮大，这家公司要怎样发展成为大众关注的热点，但马云自己却并没有明确的规划，"做企业就好像搭房子，今天在这儿开一扇窗，明天在那儿造一扇门，后天放一个茶几，大后天又放一个沙发……放着放着，房子就变得像一个家了——阿里巴巴就是这样形成的。"

时至今日，阿里巴巴已经成为国内最大的互联网公司之一，但就像马云自己所说，阿里巴巴是跟随市场潮流，根据企业自身情况以及马云躲避失败风险的警惕性一步一步走出来的，这种发展历程、成功之路是旁人模仿不来的，也是学不成的。

马云对失败的警惕性非常高，当别人都在研究怎么成功的时候，他在埋头研究国内外企业是怎么失败的，在马云看来，创业失败或经营失败的原因都是相似的，但大多数人都认为自己不会犯同样愚蠢的错误，实际上却并非如此，有数不清的失败者都是跌倒在同一个坑里，尽管失败的前人都留下了非常惨痛的教训，但依然会有很多自命不凡、自作聪明的人继续犯同样的错。

一味地学习模仿成功者是很难成功的，因为我们往往能学到皮毛，

却学不到他们的独特理念和价值观，一家企业要想获得长足的发展，不能单纯靠模仿，形成自己的经营理念和独特价值观才是成功的关键。

【创新启示】

互联网每出一个热门领域，就有无数的跟风者，在跟风者眼中，做一个网站很简单，架设一个框架，找一个美工，一个程序员，叠加一些常用功能 OK 了，但事实证明，这样的跟风网站除了死或者被收购，没有另外的路可以走。阿里也是从小公司成长起来的，也曾面临没有任何资源的困境，但它却慢慢成长强壮起来，其实隐藏在阿里背后的核心是一种理念，一种价值观，这才是马云的成功秘诀。

▲ 不要保守，去干高风险的事情

如果没有马云的冒险，就不会有今天的阿里巴巴集团。正如英特尔公司创始人安迪·格鲁夫所说，在商业领域只有偏执狂才能生存。纵观世界上的成功企业家，几乎每个人都是从钢丝上走过来的，他们敢于创新，他们不怕头顶风险，他们不怕创新失足满身债务。

如果说蹦极是一种身体极限运动，那么创业则可以称得上是心理极限运动。身为一个创业者，没有过硬的心理素质，没有点偏执狂式的坚持，是很难取得成功的。

时至今日，阿里巴巴已经成为国内首屈一指的互联网集团，即便是在全球互联网领域也小有名气，不过在创立之时并没有几个人看好电子商务的发展，马云成立阿里巴巴绝对算得上一件高风险的事情。

1995 年，马云在美国第一次接触到 Internet，当时互联网在国内刚刚崭露头角，马云所在的杭州还没有网络业务，杨致远创建雅虎还不到一年，但既不懂计算机专业技术又不懂互联网运营办法的马云却开始梦想着通过网络来开公司、赚钱。在马云看来，保守是成功的大敌，从古至今没有任何一个商人是因保守而功成名就的，做决策就是要敢冒风险。

回国后不久，马云召集了 24 位干外贸的朋友，想听听他们对互联网商务需求的看法。24 个人，只有一个人没一口咬定"不可以"。回想

起当时的情景，马云曾颇为感慨地说道："我请了24个朋友来我家商量。我整整讲了两个小时，他们听得稀里糊涂，我也讲得糊里糊涂。最后说，到底怎么样？其中23个人说算了吧，只有一个人说，你可以试试看，不行赶紧逃回来。"

如果是普通人，一看这么多人都反对，很可能就会放弃，但马云对于自己想做的事情有着近乎于疯狂的执念，想成功就要去干高风险的事，没有高风险哪来高收益？哪怕24个人全部反对，马云也不会改变自己的创业初衷。第二天一早，马云决定大干一场，"干，不管怎样，我都要干下去"，风险大也要干下去，自己是互联网门外汉，那就找互联网精英们一起干。

有创业想法的人很多，但绝大多数人都难以付诸实施，因为他们惧怕风险，害怕失败，打败他们的往往不是实际困难，而是保守的思想。作为互联网行业的创业典范，马云不止一次强调"不要保守，去干高风险的事情"。表面看来，风险越高越容易失败，实际上却并非如此，大家都惧怕高风险，因此去做高风险事情的人并不多，竞争也不会太激烈，反而更容易成功。

1995年8月，上海终于开通了互联网，客户终于能在网络上看到自己的企业信息了，马云也终于摆脱了推销黄页时的"骗子"骂名。由于杭州与上海地缘上很近，所以马云迎来了一大批订单，利润自然也是相当丰厚。风险与收益永远是成正比的，如果当初马云听从了朋友的建议，继续保守地安安稳稳干教师工作，那么就没有后来"中国黄页"的诞生，如果马云本人是一个不敢冒险的人，那么刚开始的创业想法只会停留在计划、设想阶段，根本不可能快速实施。

事实证明，创业需要冒险精神，所谓"舍得一身剐，敢把皇帝拉下马"，要想成为一个成功的企业家，就必须要有孤注一掷的勇气，敢于冒高风险，置之死地而后生的魄力，以及"明知不可为而为之"的偏执力。

【创新启示】

连傻瓜都知道一些事情很火很赚钱的时候，说明这件事的最佳发展机会正在过去。等到大家都认为创新可行的时候，往往已经丧失了创新的最佳时机，所以创新要趁早，千万不要等到一切条件就绪再开始。美国艾伦集团总裁罗勃特·艾伦曾经说过："风险和机会是紧连在一起的。"作为一个创业者，你承担怎样的风险就意味着你可以获得怎样的收益，如果想成功，那么在稍纵即逝的商机面前，就必须要敢于冒险，敢于创新，敢于在众多的反对声中大声说出自己的人生宣言。

▲ 创新就是要与明天竞争

如今，不管是大企业还是中小企业，都非常重视创新，但创新是为了什么呢？很多人认为创新是为了打败竞争对手，其实这种想法是非常狭隘的。马云在清华"创新论坛"演讲时，曾和众人分享了自己对企业创新的看法，"创新就是创造新的价值，创新不是因为你要打败对手，不是为更大的名，而是为了社会，为了客户，为了明天，创新不是为对手竞争，而是跟明天竞争。"

作为阿里巴巴的创始人兼灵魂式领导人，马云的创新眼光比普通人要长远得多，如果只是为了打败竞争对手，那么今天的阿里巴巴完全可以放慢创新的脚步，因为在电子商务领域，目前没有任何一个竞争对手可以和阿里集团匹敌，马云是当之无愧的"电子商务之父"。尽管阿里在电子商务上的成就迄今无能出其右者，但马云依然没有停下创新的脚步。

2013 年 6 月马云在支付宝平台推出余额宝，由于其利息高于银行，又可以随时存随时取，因此一上线就在互联网金融领域掀起了一股投资狂潮，余额宝迅速成为互联网金融中的吸金利器，在短短一个月的时间其资金规模就超过了 100 万亿元。阿里是第一个推出互联网理财的公司，是第一个吃螃蟹的人，正如马云自己所说，创新不是为了打败竞争对手，而是为了社会为了客户。余额宝之所以一经推出就迅速火遍大江南北，正是因为它方便了广大用户，且给用户们提供了更便捷、更划算的理财方式。

2014 年，马云不惜拿出巨额资金补贴快的打车，尽管当时马云与马化腾、快的与滴滴掀起了一场打车软件补贴大战，但马云的关注点绝不仅仅是与滴滴争锋，他更关注的是通过让利民众的方式帮助人们养成移动支付的习惯，通过移动支付方便广大民众的日常出行。

"只要 100 元，你也可以成为电影投资人。"娱乐宝的推出又是马云扔下的一个创新炸弹，在没有同类竞争对手的情况下，马云之所以创新推出这样一项投资服务，其根本原因也在于他的创新理念，创新就是创造新的价值，娱乐宝能帮助千千万万的人实现电影投资人的梦想，这本身就是一种价值。

创新是为了更有竞争力，但绝不仅仅是为了打败对手，如果马云的创新视野只停留在击败对手的层面，那么娱乐宝、余额宝等可能都不会诞生。从更高的角度来讲，创新是为了服务整个人类，改善全国乃至全世界人民的生活。如今，淘宝已经成为很多年轻人日常购物的主要渠道，马云真正做到了服务社会、服务大众。

在马云看来，"创新就是要与明天竞争"，谁都不知道明天会怎样，但毫无疑问，我们今天多一点努力，多一点创意，明天就会精彩一点、丰富一点。一家企业要想获得长远的发展，就必须要深刻理解创新的内涵，如果只是粗鄙地认为创新是打败竞争对手的手段，那么也只能做三流的企业，永远不可能成为行业的引领者。

当然，创新也不能急功近利、急于求成，小企业可以小创新，大企业可以大创新，一定要量力而行，否则很可能会本末倒置，最后丢了性

命。一个企业只有活下去才会有创新的力气，发展到一定阶段，才会拥有改变社会、改变明天的创新力。

【创新启示】

马云从创办阿里巴巴至今，已经走过了将近二十个年头，在这段漫长的岁月中，阿里一直在寻求各种各样的创新，用马云自己的话说，"这么多年来越来越辛苦，越来越累"，但他依然坚持走在创新的最前沿。真正的创新一定是基于使命感，一定是为了与明天竞争，为了造福整个社会，甚至为了全人类。很多企业家、创业者都没有马云这种博大的创新情怀，为了一点点成就而沾沾自喜，因为赶超对手就洋洋得意……心有多大，舞台就有多大，只有把创新视野扩展开来，才能真正明白创新的意义，才能从一而终地为了它去努力。

▲ 企业内部要有创新机制

企业创新不能只有老板一个人剃头挑子一头热，必须形成一个完整的内部创新机制，让每一个内部员工都有创新意识，只有这样才能形成创新持续力。马云在出席清华创新论坛时，曾对阿里巴巴做过一个非常形象的比喻，"我的公司是个动物园，而不是农场，农场永远做不出创新，农场就是一群鸡一群鸭都一样，服装都统一的，麻烦大了，我们需要的是各类动物。"

马云不懂高深的互联网技术，却创办了全国数一数二的互联网公司；马云也不是专业的推销员，却把电子商务做得风生水起。其实，最高领导有没有创新能力，是不是有创意，并不是关键问题，企业之所以成为企业，是因为它是一个团队、一个团体。马云看问题从来都是站在整体的角度上，在阿里内部，马云不懂技术，但只要阿里的队伍里有懂技术的高手就具备技术竞争力。企业创新又何尝不是如此呢？

很多企业家、管理者往往会用少数精英层来评估一个企业的创新能力，却忽视了机制在管理中的巨大作用。把活蹦乱跳的野鸡关进养鸡场的笼子里，不仅不能让其他鸡变得活跃起来，原本活跃的野鸡反而会变呆。对于企业来说，引进创新人才固然重要，但如果没有一个适合创新的环境、氛围，没有一个鼓励创新的机制，那么即便是再有创造性的人才也会泯然众人矣。

作为中国电子商务之父，马云对企业创新有着更为深刻的认识，在他看来，企业要想靠创新获得更广阔的发展空间，必须要内外兼修。所谓外修，即管理者要关注企业的外部管理，如制度上对创新的奖金鼓励政策，对创意型人才加以重用，组建技术创新攻关小组等；内修是指创新氛围和文化的塑造，如今已经有越来越多的互联网企业意识到创新氛围的重要性，他们为员工提供更自由的上班时间，为员工创新提供更便利的条件和相关资源等。

太过于严谨的制度往往不是好事，太过固定的上下班时间忽视了个体不同时间段工作效率的差异，这种管理制度会给人以约束感，越是有创意的人越不喜被束缚，如公司内部缺乏创新机制，那么想引进创意型人才也会变得困难。

在马云眼中，开公司和经营动物园是一样的，要让每一个员工都保持自己原本的特色，而不是搞一刀切，唯有在相对自由的状态下，员工的创造性才能很好地发挥出来，企业才能实现真正的创新和发展。不过，什么样的公司文化才有利于创新呢？马云对此的理解很简单，"文化很重要的一点是舒服"，在阿里集团，每个人都在做自己，没有统一化的模板，每个人都可以以最舒服的状态去工作，这也正是阿里集团保持创新活力的秘诀之一。

大多数企业家、管理者都希望能招揽人才，马云却恰恰相反，他对人才的要求并不高，只有三点马云认为最重要：一是具备独立思考、判断的能力，会用自己的脑袋去想问题而不是人云亦云；二是拥有一个乐观的工作生活态度，在工作当中每个人都会遇到困难和挫折，越乐观的人越不容易被打倒；三是要讲真话，人而无信不知其可，尤其是在当今这个年代，讲真话是一个非常宝贵的优良品质。

"我觉得我们需要的是平凡的人"，正如马云所说，阿里集团的员工基本都是平凡人，但他们在这个大集团里没有迷失自己，没有磨灭创意，坚持做自己，坚持张扬着自己的个性，在这样一个自由的环境中，创新自然就会变得容易。企业的内部创新机制可永葆其创新活力，在创新文化的建设方面，马云非常值得我们借鉴和学习。

【创新启示】

推出一个新产品，革新一项新技术，这都是企业外部的创新，在马云看来，创新不仅仅体现在企业的外部，更重要的是内部。如果公司内部没有鼓励创新的相应机制，那么新技术、新产品从何而来？如果公司内部人人都对创新喊打喊杀，那么即便有创新型人才又怎能施展才能？一些企业家、管理者往往只注重外部创新，却忽视了企业内部的创新机制建设，殊不知，这才是企业缺乏创新活力的根本原因。

▲ 创新要把控好节奏

阿里巴巴是靠电子商务起家，但自 2007 年上市后，马云的一系列举动仿佛与电子商务没有多大关系：投资华谊，进入娱乐领域、开通余额宝，强势开启互联网金融时代、四处演讲传播创业之道……作为一个以电子商务起家集团的创始人兼最高指挥家，难道不应该把心思放在主业上吗？不少业内人士觉得马云近几年有些"不务正业"，但果真如此吗？

企业和人一样都是有寿命的，连一个国家的政府都可能会被赶下台，更何况是靠市场吃饭的公司。马云对企业创新的理解很玄妙，"人要想活得好，就要运动。人要想活得长，就得不运动。那人怎样才能既要活得长又要活得好，那就是慢中的运动和运动中的慢。一个企业也是这样，要控制节奏，懂得什么时候该动，什么时候不该动。"

不得不说，马云这一番比喻看似浅显实则深刻，企业管理的节奏很重要，创新调整的幅度越大风险就越大，但完全不调整又无法适应创新的需求，再好的创意也会死掉，同样对公司不利，在这种情况下，就必须采取中庸之道，既然大调整不行，不调整也不行，那就慢慢调整，像太极拳一样在慢中行动，在行动时保持力道。

作为国内互联网行业一流的企业家，马云在管理节奏上的把握有一种骨子里的敏锐感知。上市后，阿里集团迎来了一个爆发式扩张阶段，企业规模越来越大，工作人员越来越多，因此随之而来的问题也越来越多。

早在 2010 年，马云就已经预感到"再这样下去，一定会有问题"。企业发展速度快是好事，但福祸相依，发展越快内部管理就会越混乱，很多问题得不到有效及时地解决，就会堆积起来，随时都有"爆炸"的危险。为了让阿里慢下来，发展脚步稳健起来，马云决定拆分淘宝，在经历了 2011 年的"七记重拳"后，马云将 2012 年定为"休养生息"的一年，企业经营到一定规模，必须要进行相应调整。

在这次整体调整当中，马云总结出了不少经验，调整并不是指一点一点动作，关键还要看外部环境，该快的时候必须要快，否则就要面对更多的问题和麻烦，在拆分淘宝时，阿里的调整速度已经很快了，但还是冒出了"卫哲事件"等一连串的问题，这是马云所没能想到的。对此马云进行了深刻反思，在一次公开采访中，他曾分享过自身的经验，"我重新反思我们的生态系统，我们的内部生态系统和外部生态系统。尤其是我们内部的生态系统没建设好，要想建设外部的生态系统，是不可能的事情"。

企业在进行创新调整时，绝不能只看外部环境，而忽视了企业内部的生态系统和管理机制。不管是外部还是内部，一有风吹草动都会影响到企业在调整期的各种反应，管理者唯有兼顾内外两方面，同时找准企业创新的调整节奏，如此一来，才能"活得长"又能"活得好"。

互联网+
万众创新

【创新启示】

　　每个企业都有一个马云般的灵魂式管理人，他的一举一动都会影响到整个企业的管理经营，正如马云所说："你乱得越快，外面就乱得越快；你静下来，外面自然也静下来。"作为管理者，一定要找到公司经营调整的节奏感，该休养生息的时候就按兵不动，该快速调整、创新行动时，则一定要够快、够准，否则就很可能会麻烦缠身。

第十二章

杨致远：不跟随被踩烂了的成功之路

▲ 创新引领时代潮流

人们常说：只有你想不到的，没有你做不到的。雅虎公司的创立就能验证这句经典的话，雅虎公司的创始人杨致远以自己的亲身经历来证实这个道理。

杨致远出生在台湾，他自幼丧父，在母亲的含辛茹苦下健康成长。十岁时，母亲带着杨致远和妹妹定居在美国加利福尼亚州审圣何塞市，杨致远从小就刻苦学习，经过自己的一番努力后正式考入了斯坦福大学，学习机电工程专业，经过了四年的奋斗，分别取得了学士和硕士学位，但是他并不觉得自己已经很优秀了，决定继续留在学校，从事研究工作来完善自己。也正是因为这个决定让他结识了大卫·费罗，正是因为二人的志同道合成就了雅虎公司的成立。

杨致远和大卫·费罗当时一起留在学校进行研究工作，两人的兴趣爱好相似，喜欢上网。杨致远每天都会把自己喜欢的网站收藏在一起，刚开始的时候，他们没有去相互浏览对方的网站链接，只是在需要的时候才去互相借鉴，随着时间的增加，他们的网站收藏越来越多，信息量逐渐增大，因此他俩就把各自的网站链接信息放在一起，这就是以杨致远的英文名杰里来命名的"杰里万维网向导"成立的缘由。

渐渐地，网站信息量慢慢增多，为了方便使用，杨致远决定给这些信息进行分类，建立目录和子目录，这样更方便查找，正是因为他们这

样的创新，招来了对此类网站感兴趣的用户，这些用户使用了杨致远的这项技术后受益匪浅，都纷纷提出自己的建议，让这项技术更加完善。

在这种情况下，杨致远和大卫·费罗每天忙得昏天暗地、不可开交，连睡觉都成为奢侈品，虽然累，但是他们很开心，为自己的一些发现感到值得。因为这时候他们正在精心地准备成立公司，1994年底，马致远和同伴成立了雅虎，这在当时成为了众人关注的焦点。

雅虎是专业的软件公司，为客户提供电脑网络应用软件，和其他的电脑软件公司不一样的是，雅虎看出了电脑网络未来的应用市场，根据市场的需求然后建立了一套模拟的检测系统，类似网络电话簿，这套软件将全球网址进行分类，分为14类：教育、新闻、科学、娱乐、艺术、卫生、区域等，雅虎公司的成立给市场带来了新的生机，他的优势在于建立一套软件，能够让用户在查找资料时避免查找错误或盲目查找，可以快捷地让用户找到自己所需要的资料。雅虎能够节省客户查找资料的时间，方便用户，这就是雅虎的过人之处。

这本就是一个小小的创新，但正是因为这个小小的创新让杨致远和同伴成立了雅虎公司，让他们成为当时搜索行业界的龙头老大，也让杨致远成了美籍华人中最年轻的首富。

杨致远的成功是和自己的努力分不开的，他勤奋好学，思维清晰，想法奇特，更重要的是勇于创新，让他在IT行业中脱颖而出。

看完杨致远创立雅虎的经历后是有一些感想的，人们都说机会是留给有准备的人，一个成功的人士背后肯定都会有无数滴汗水。记得杨致远曾经接受中央电视台采访时说过的一句话："我不怕输，即使我失败，我也有重新来过的勇气。"杨致远他就是一个勇于拼搏、富于创新的人，正是他的创新，才让他引领时代潮流，成为互联网中的风雨人物。

只有你想不到的，没有你做不到的，这就是创新。想别人想不到的，做别人做不到的，但是并不是代表可以乱想、乱做，所有创新都要以市场的需求为基础，这样的创新才会引领时代的潮流。杨致远这样的创新，既推动了网络的发展，又引领了时代的潮流。

【创新启示】

创新是一个民族进步的灵魂，是一个国家兴旺发达的不竭动力。创新更是产业发展的源泉，只有创新，产业才能注入新的血液，但是创新并不是主观臆断的，而是要和用户的需求密切相关，这样才能得到市场的认可，才能引领时代潮流。

▲ 创新能走出新的成功之路

时代是一直在进步的，每个人并不是一生都那么一帆风顺的，杨致远也不例外。2008 年，雅虎的业绩一路下滑，对杨致远来说是一轮新的挑战，微软想趁机以 446 亿美元来收购雅虎，此时的杨致远不想把自己的心血拱手让人，拒绝了微软的请求。

由于杨致远之前拒绝了微软的收购请求，受到了很多人数的批评，也导致了雅虎的股票一路下跌，公司董事会决定撤换杨致远这一首席执行官的职务，但是杨致远还是公司董事会的一员。

在杨致远人生的最低谷时，他做出了一个惊人的举动，决定做旅游行业的投资，世界邦旅行网，为杨致远的成功拉开了帷幕。

为什么杨致远会选择投资在线旅游呢？原因在于杨致远有创新的意识，有分析市场发展的头脑，正是这种创新精神让杨致远再一次成功！杨致远对在线旅游进行了深刻的分析。

首先，由于科技的进步，人们生活水平的提高，很多人对旅游产生了兴趣，国内的旅游市场的比例在逐渐增加，人们对于旅游有了更高的要求，很多消费者对欧美澳等国家的旅游感兴趣，比例逐渐增大，因此，市场将会对消费者进行细分化和精确化，这就是杨致远投资在线旅游的一个契机。

其次，由于传统的旅游团会出现强制用户进行消费，购买旅游当地的商品来趁机赚回扣，导致了消费者对此产生反感，随后国家明确的规定，禁止强买强卖、自费项目等，因此导致了大量出境旅游团团费上涨，这样的情况让传统的旅行团受到严重的打击，很多消费者选择在线旅游服务，这是新一轮的旅游行业的开始，这就促使了消费者在线进行订门票、酒店、机票等一条龙服务，使很多在线旅游网站纷纷受益！

最后，市场的需要迫切地要求很多在线旅游网站的出现，杨致远正是看到此机会，对市场进行分析，满足了消费者需要的多样化和全面化。随着时代的发展，消费者对于旅游信息的了解逐渐加深，这就要求在线旅游服务做得更加全面和精确。很对人选择出国旅游，因此在线旅游网站必须要满足消费者的需要，进行更深一步的探索。

虽然杨致远辞去了雅虎首席执行官的职务，但是他并没有退缩，而是选择了继续前进，这样不服输的性格决定了他的命运，进一步的创新将会引导他走出新的成功之路。

【创新提示】

每个人的未来并不是一帆风顺的，如果想要成功，必然要经历披荆斩棘的过程，虽然道路很坎坷，但是只要你不断创新，有大无畏的精神，经得起考验，肯定会走出新的成功之路。这就需要你拥有一颗想成功的心、创新的头脑和勇敢的精神！

▲ 不创新，必死无疑

尽管杨致远已经辞去了雅虎董事会董事等职务，不过这并不意味着他淡出互联网领域。前谷歌全球副总裁、大中华区总裁，现创新工场创始人李开复曾这样评价道："杨致远是互联网的真正先驱，他精通技术产品战略，为人谦和，在雅虎受到尊敬，虽然在微软收购事件上犯错，但是不应该抹杀他半生显赫的成就。"

可以说，杨致远是最早涉足互联网领域的华人企业家之一。早在1994年底，他和伙伴大卫·费罗就创立了雅虎，当时马云刚刚明白互联网是怎么回事，马化腾还没确立 QQ 的雏形，张朝阳毕业后还在打工……如今，马云的阿里巴巴，马化腾的企鹅帝国，张朝阳的搜狐早已经成为国内大名鼎鼎的互联网公司。杨致远比这些互联网大佬们更早涉足互联网，用一位网友的话说，他是互联网行业真正的英雄。

天下没有不散的筵席，当马云、马化腾等行业后生们称霸江湖时，杨致远却低调地离开了自己一手创建的雅虎，具体离开的原因，杨致远并不愿意多谈，很多媒体对此也是众说纷纭、"猜测"颇多。

尽管杨致远最终离开了雅虎，但他的创新理念依然被雅虎人认可、追捧。作为最早的互联网创业者，杨致远深知创新的重要性，雅虎的崛起离不开创新，发展同样也离不开创新，如果停下了创新的脚步，那么雅虎迟早会被市场所抛弃。

　　雅虎新任领导人汤普森曾公开发表声明，称"杨致远留下了一笔创新遗产和专注于标志性品牌的客户中心策略，通过培育创新理念完善了17年前创建之初的公司文化。"事实上，杨致远之所以主动辞去雅虎的全部职务，一方面是为了雅虎能够有光明的未来，另一方面与他个人的事业追求也有密不可分的关系。

　　从1994年底成立到2008年前后，雅虎在长达十多年的岁月中始终在搜索领域遥遥领先，但互联网行业在发展，搜索引擎技术也在不断革新，这使得雅虎走向颓势成为一种必然。知名互联网评论人士谢文认为，杨致远离开雅虎的举动，给国内特别是主打门户模式的公司提了个醒，那就是创新转型已经到了刻不容缓的时刻，"如果不抓紧创新，转移到web2.0的模式上来，中国的门户网站也将步雅虎后尘走向没落"。

　　不创新必死无疑，在杨致远看来，这不仅仅是针对雅虎来说，而是在整个互联网领域都适用，与传统行业不同，互联网是一个以技术为依托的行业，谁的技术先进，谁的产品和服务更能满足大众的需求，谁就能占据市场制高点，因此对于互联网公司来说，创新就是生命，创新就是生产力，缺少了创新推动的互联网公司是根本不可能发展长久的，同时也是缺乏市场竞争力的。

　　短短不足20年，仅电子商务就经历了B2B、B2C、O2O等几个发展阶段，雅虎所在的搜索领域自然也会经历搜索技术、经营模式的变迁、发展。市场是非常残酷的，如果不能紧跟发展潮流，不能引领技术和模式创新，那么雅虎走下神坛只是早晚的问题。

　　如今，杨致远虽然离开了雅虎，但他依然活跃在互联网的各个创新领域，他转变身份，成为天使投资人，与李开复等互联网领袖人物一起，

共同关注互联网行业内的新产品、新技术，并致力于各类创新项目的投资孵化。从创立雅虎至今，他一直走在创新求索的道路上。

【创新提示】

创新是互联网公司的生存灵魂，即便是像雅虎这样曾数一数二的大公司，不创新也只能走向颓势、走向没落。永远都不要坐在过去的成绩上沾沾自喜，互联网公司要想获得长远的可持续发展，就必须不断归零，不断在创新这条路上冲刺、再冲刺，否则没了创新力，企业也终将会无法维系。

▲ 不断寻求的创新

离开雅虎后的杨致远越发低调内敛，在各类媒体上也甚少露面，但实际上他依然活跃在互联网领域，并继续寻求着新的创新机会。据外媒科技博客网站 AllThingsDigital 报道，其旗下 BoomTown 的专栏作者卡拉·斯维什尔 Kara Swisher 曾在位于美国硅谷的风投基金 AME Cloud Ventures 采访过这位被称为"雅虎酋长"的互联网精英。

作为 21 世纪最红火、最具生产力的产业，互联网行业的高速增长一直是各类风投的重点关注、投资对象。尽管离开了雅虎，但杨致远还有丰富的互联网从业经验，以及对创新的敏锐觉察力，这些都是非常宝贵的无形财富。在激烈的竞争环境中，企业需要不断寻求创新，其实互联网的从业人士又何尝不是如此呢？从 1994 年底创立雅虎开始，杨致远就一直走在寻求创新的路上，离开雅虎后，他依然继续在创新领域穿行。

在雅虎时，杨致远是 CEO。离开雅虎后，杨致远开启了一段全新的职业旅程，转身成为一名天使投资人。和李开复的创新工场的投资方向类似，杨致远的主要投资领域也集中在互联网的创新领域，不过两者的投资模式却截然不同，创新工场用于投资的资金来源非常广泛，而杨致远则奉行"只拿自己钱投资"的理念，既没有合伙人，也没有任何风险融资等。

从全球知名的互联网公司 CEO 到投资人，这样的职业跨度不可谓不大，其实对于杨致远本人来讲，这也是一种创新，一种突破，人的一生之中永远不可能始终处于顶峰，当辉煌逐渐成为过去，最好的选择就是再选一座山努力爬上去，尽管离开了雅虎，但杨致远依然专注于他最感兴趣的科技产业，依然在不断寻求创新，寻求新的发展机遇。

作为投资行业的新人，杨致远对自身有着十分清醒的认知，他曾在公开采访中坦言："我认为我错过的最重要的事情，便是早期的企业家们都在做些什么，我并不确信我是否擅长于这种指导投资业务。这也是为什么我只使用自己的资金，而不能把它称之为事业的原因。"

初到一个领域，寻求新的发展固然重要，但也一定要认清客观事实，杨致远深知自己不是投资的行家，因此他采用了相对保守的行事策略，即只用自己的钱投资，其投资项目也多为长期，如此一来，投资的弹性会更强，风险也会相应降低。

不过这并不意味着杨致远在对创新的投资上缩手缩脚，相反，杨致远的投资手笔一点也不小，20 多家创新公司，每家 10 万美元到 50 万美元的投资金额，尽管没有合伙人，也没有四通八达的融资渠道，但杨致远在投资领域可谓风生水起，进而成立了完全属于自己的投资公司AME。

曾有采访者问："为何给自己的公司起名 AME？"杨致远说有两方面的原因：一是 AME 在日语中意思为"雨"，没有雨就没有生命，杨致远给自己公司的定位是互联网创新行业的及时雨，他希望借助投资来滋养一大批新技术、新产品、新理念；二是 AME 正好是妻子和孩子名字的首字母缩写，包含着他生命中最重要的人。

生命有限，创新无止。在互联网的投资生涯当中，杨致远依旧在创新路上踽踽前行，未来他将专注于云计算、传感器、大数据等投资领域，凭借其丰富的经验和扎实的计算机背景，我们有理由相信他终将会重回创新顶峰，给世人带来不一样的影响力，进而赢得事业上的成功。

【创新启示】

不少互联网公司和从业人士，一旦在创新上取得一定的成就，就开始自我放松、自我懈怠。互联网是一个日新月异的行业，不管是应用产品还是技术，其更新速度都是非常快的，这就意味着创新不能止步，甚至连停下喘口气都不行，必须要不停地寻求创新，并且用尽全力不断创新，只有这样才能在激烈的同行竞争中保持优势。

▲ 想创新就必须敢犯错误

杨致远卸任雅虎 CEO 后，特里·塞梅尔接替了他的职务，成为雅虎新一任领导者，不过遗憾的是，更换 CEO 并没有达到提振雅虎的目的。与杨致远的发展理念不同，特里·塞梅尔在任期间，一直试图将雅虎打造成一个媒体王国，遗憾的是此举并没有成功，雅虎依然没能停止走向颓势的脚步。

2014 年，作为雅虎联合创始人的杨致远重新出山，再次就任雅虎 CEO 一职，继续致力于雅虎的创新事业。在杨致远看来，企业要想维持长久的创新竞争力，就必须要改变企业文化，要敢于激进冒险犯错误。雅虎最近几年一直被谷歌打压，究其根本原因，很大程度上是由于雅虎在收购案以及重大决策上的谨慎保守。正如华尔街的一位投资分析师所说："雅虎近年来采取的战略总是亦步亦趋、受制于人，完全看不到从前锐意进取的激情。"

在卸任雅虎 CEO 的几年中，杨致远十分低调，很少出现在公众视野，但这并不意味着业界也淡忘了这位极具创新意识的科技思想家。实际上，不管是在国内还是在美国硅谷，杨致远都享有非常高的声誉，很多工程师都把杨致远看作同行，当成鼓励自己进步的偶像。重回雅虎，杨致远在业界的号召力能够最大限度地帮助雅虎吸引和保留创新人才，这对于雅虎的长远发展来说是非常有利的。

　　一个企业要想在市场竞争中获胜，就必须要变得具有冒险性，杨致远一上任就对雅虎进行了一系列调整：强化企业文化的建设，努力将雅虎变成一家鼓励创新、加快产品开发速度的公司；鼓励员工创新，只要提出新想法或能做出新的项目，都有机会获得十分丰厚的奖金；还专门举办 Hack Days 活动，调动员工们的创新积极性，营造鼓励创新的公司文化和工作氛围；强调技术的核心地位，尽可能降低与外部开发者的合作门槛，以吸引更多的创新项目和创意型伙伴……

　　雅虎因保守而走向没落，要想改变这种发展轨迹，重新点燃创新火种则是唯一的出路。杨致远深知创新的另一面就是风险，雅虎要想重回业界第一的宝座，必须要敢冒风险。在杨致远的领导下，雅虎接二连三地收购了电邮、日志和网络电话服务商 Zimbra 以及广告网络 BlueLithium，这些收购案可以给雅虎带来新的技术和理念，正如雅虎通讯及社区部门高级副总裁所说，这些都是"难以置信的技术"。

　　收购可以在短时间内起到明显的提振作用，但一家企业的发展仅仅依靠这些外力是远远不够的，还要苦修内功。杨致远十分重视雅虎技术方面的创新，并积极支持雅虎与合作伙伴开发新技术、新产品，迷你版雅虎程序和网站的诞生就是最好的例子，它能够给雅虎用户提供更个性化的主页，更方便快捷的安装。

　　创新不是一蹴而就的事情，而是一个任重道远的旅途。尽管在华尔街分析师们的眼中，杨致远就任雅虎 CEO 后并没有太过激进的举措，但不可否认的是，雅虎正在朝着正确的方向前进，为了保持创新活力，

承担的风险也在逐步增加，风险和收益成正比，我们有理由相信，雅虎的未来是光明的。

【创新启示】

表面看起来，越谨慎保守就越不容易出错，但事实果真如此吗？在日新月异的互联网行业，不创新才是最大的风险。雅虎之所以会走向没落，就是因为在创新方面过于保守，害怕犯错从而束手束脚，丢失了最佳发展时机。谷歌的快速崛起同样也印证了这一点，要想发展就必须创新，要创新就不能怕犯错误，唯有快速去做，我们才能尽早知道错在哪里，才能在最短的时间里调整方向，找到通往成功的最短路径。